法政大学大原社会問題研究所叢書

環境政策史

なぜいま歴史から問うのか

西澤栄一郎/喜多川進
[編著]

ミネルヴァ書房

は し が き

　「環境政策史」とは何だろうか？　本書を手にとった読者は，まずこのような問いを発するのではないだろうか。
　環境政策史とはどのようなものであり，何をめざすのかという点は第1章および第2章で論じられており，各執筆陣が思い描く環境政策史については第3章以降で展開されている。そのため，ここでは環境政策史の詳細には立ち入らず，「環境政策史」の歩みを振り返ることにしたい。
　そもそも私が環境政策史なるものを考え始めたのは，2005年頃であったと思う。大学院では財政学・環境経済学を専門とするゼミに属していた。もともと廃棄物問題に関心があったため，ドイツのデュアル・システムと呼ばれるリサイクル・システムとそれを中核とする容器包装廃棄物政策を研究対象とした。ただし，自分の関心は環境経済学的なものというよりも，容器包装廃棄物の減量化をめざす政策がなぜ，どのようにして生み出されたのかを描き出したいという点にあったため，伝統的な経済学のなかには居場所を見出しにくかった。その一方で，理論やモデルに依拠する，政治学のなかの政策過程分析も肌に合わなかった。当時の自分は今から思えば出口がみえないまさに迷宮にはいり込んでしまっていた。
　このように手探り状態のまま，私はドイツ容器包装廃棄物政策の成立・展開過程に関する研究に取り組み始めた。当初は公聴会資料を入手すれば，成立過程の詳細がわかると思い込んでおり，その入手をまず日本で，そしてそれがかなわずドイツで試みた。ドイツで私の周囲にいた経済学者や経営学者も尽力してくださったが，その資料の入手はかなわなかった。当時の私は，一次資料という言葉すら知らなかったし，ドイツ史研究者をはじめとする現

代史研究者に助言を求めるという発想も持ち合わせていなかったのである。結局，この公聴会資料の入手には10年ほどを要した。ただし，その資料は期待通りの内容ではなかったうえ，当然のことながらその資料のみでドイツの容器包装廃棄物政策の成立過程がわかるというものでもなかった。本書は，私のような回り道をしないための道案内でもある。

さて，どこにも収まりがつかない自分の研究に「環境政策史」という名前をつけてみたのは2005年頃であり，2006年に初めて環境政策史と題した論文を環境経済・政策学会の学会誌に発表した。あらためて読み返すと未熟さがぬぐい得ない内容であるが，それを送付した縁で及川敬貴さんとの交流が始まった。その後の及川さんとの議論のなかで，環境政策の歴史的研究に関心を有する人々の議論の場の必要性が認識され，2010年5月の環境政策史研究会設立にこぎつけた。環境政策史研究会の参加メンバーの専門分野は，法学，経済学，政治学，社会学，文化人類学，地域研究，科学史，環境史，地理学などと多岐にわたる。

環境政策史研究会は，定例研究会と夏合宿のほか，2011年から現在まで環境経済・政策学会において「環境政策史」分科会を実施するとともに，2013年開催の東アジア環境史学会（The Second Conference of East Asian Environmental History）では Environmental Policy History セッションを企画した[1]。また，『大原社会問題研究所雑誌』の2014年12月号では「環境政策史」なる特集を組むという試みもなされた。こうした研究会の活動と並行して，個々のメンバーによる成果発表も積極的になされている。単著のみに限っても，喜多川進『環境政策史論――ドイツ容器包装廃棄物政策の展開』（勁草書房，2015年），伊藤康『環境政策とイノベーション――高度成長期日本の硫黄酸化物対策の事例研究』（中央経済社，2016年），辻信一『化学物質管理法の成立と発展――科学的不確実性に挑んだ日米欧の50年』（北海道大学出版会，2016年），辛島理人『帝国日本のアジア研究――総力戦体制・経済リアリズム・民主社会主義』（明石書店，2015年）が刊行されている。

はしがき

　こうした活動の延長線上に位置づけられるのが，2015年11月に開催されたシンポジウム「環境研究をひらく――着想・出版・伸展」である。このシンポジウムは，環境経済・政策学会と法政大学大原社会問題研究所のご支援のもとで，環境政策史研究会が企画・運営したものである。「着想・出版・伸展」というユニークなサブタイトルを反映し，登壇者は異色の組み合わせであった。基調講演は，数々の単著を生み出す一方で社会的な発言でも知られる藤原辰史（環境史，農業史），パネリストは髙橋弘（岩波書店編集局），及川敬貴（環境法，行政法），友澤悠季（環境社会学，公害・環境思想史），辛島理人（現代史）の各氏，そして司会が筆者であった。環境以外の問題にも関心を抱く研究者，大学院生，編集者，会社員などの聴衆も交え，環境研究における歴史的アプローチの可能性と，研究の着想をいかにして学術書に結実させ，学術書出版後に著者は何をなすべきかについて，活発な議論がなされた。

　このように環境政策史は少しずつ成長してきたが，じつに多くの方に支えられている。とくに環境政策史研究会のメンバーに感謝する。ここではおひとりおひとりの名前を挙げないが，国内外で私の拙い質問に対して，快く答えてくださった多くの方々の存在なくして環境政策史なるものについて考えることはできなかった。また，法政大学大原社会問題研究所には，研究の場を与えていただいている。そして，私の手帳にあった漠然とした本書の計画が動き出したのは，同じく編者である西澤栄一郎さんからの強い働きかけによる。愛弟子に執筆機会をゆずられたため最終的には本書への執筆を見合わせた及川敬貴さんからは，本書の企画段階で多くのアイディアをご教示いただいた。最後に，伴走者でもあり，指揮者でもあったミネルヴァ書房の東寿浩さんに心から感謝する。

　本書は，2010年に設立された環境政策史研究会の活動に基づくものであり，環境政策史という視座を共有している人々の共同作業から１冊の本をつくる初の試みである。各執筆者の研究対象と専門分野はさまざまである。しかし，多様な関心の人々の出会いの場である環境政策史研究会で，それぞれが有形

無形の影響を及ぼしあった成果物が本書であり，ここには環境政策史の具体例が詰まっている。小さな試みである本書によって，環境政策を歴史的にみつめることの意義を喚起できれば幸いである。

2016年8月　春の足音が聞こえるオーストラリア国立大学の研究室にて

喜多川　進

注
（1）これらも含めたこれまでの環境政策史研究会の歩みについては，巻末の付録を参照されたい。

環境政策史
―― なぜいま歴史から問うのか ――

目　次

はしがき

第1章　環境政策史という視座……………………………喜多川進…1
　　　　──「仕掛け」としての意義
　1　環境政策研究における歴史的視点の提唱　1
　2　視座としての位置づけ　2
　3　柔軟さの意義　5
　4　「仕掛け」としての環境政策史　8
　5　典型的研究例　9
　6　歴史的回帰の重要性　14

第2章　環境政策史における社会モデル………………佐藤圭一…19
　　　　──「時間」をいかに変数にいれるのか
　1　なぜいま「環境政策史」なのか　19
　2　「環境政策史」＝「環境政策」＋「時間」　22
　3　環境政策史研究の社会モデル　24
　4　「時間」をモデルに組み込む　31
　5　「時間」のモデル化で拓かれる地平　36

第3章　1950年代英領東アフリカの農業開発とエコロジー………水野祥子…41
　　　　──植民地科学者からみた開発と環境
　1　イギリス植民地における開発と環境　41
　2　第二次世界大戦前後のイギリス帝国における開発と科学　44
　3　EAAFROにみる開発アプローチ　49
　4　アフリカの農業開発とエコロジー　56
　5　植民地開発における重層性　59
　6　ポストコロニアル期の「開発」　62

目　次

第4章　訴訟過程と環境政策史研究……………………北見宏介…69
　　　　──スネイルダーター事件における政府の訴訟活動から
　1　訴訟過程と政策をめぐる政府内対立　69
　2　スネイルダーター事件の概要　71
　3　政府からの書面と提出の背景　75
　4　スネイルダーター事件の恒常性と特有性　83
　5　訴訟活動と環境政策史研究　89

第5章　国民投票後のスウェーデンのエネルギー政策………伊藤　康…95
　　　　──脱原発のための施策は十分だったのか
　1　スウェーデンは迷走したのか？　95
　2　スウェーデンにおける電力事情　97
　3　原子力廃棄に関する国民投票までの状況　100
　4　1980年代のエネルギー政策の概要　104
　5　脱原発のための具体的政策　112
　6　脱原発のための施策は十分だったのか　117

第6章　環境課徴金制度の挫折……………………………西澤栄一郎…125
　　　　──オランダのミネラル会計制度の場合
　1　先駆的な経済的手法はなぜ成功しなかったのか　125
　2　オランダにおける家畜糞尿の問題　126
　3　家畜糞尿政策の展開　130
　4　ミネラル会計制度（MINAS）　132
　5　EUの硝酸塩指令　137
　6　欧州委員会との攻防と制度の終焉　140
　7　制度導入をめぐる政府と農業者の対立　142
　8　顕在化した運用上の問題　143

  9　養豚・養鶏部門に効果的でなかった制度　147

第7章　ドイツ・脱原発政策と政治の変容…………小野　一…151
　　　　――パースペクティブ拡張の試み
  1　変化のなかの原子力政策　151
  2　赤緑連立の展開と脱原発合意　152
  3　メルケル政権下の原子力政策　159
  4　政治的構造変化の諸相　164
  5　EUの放射線防護対策の展開　173
  6　脱原発研究の転換点　182

第8章　環境配慮のための法制度の推移………………辻　信一…187
　　　　――漁業法と農薬取締法にみる環境配慮
  1　法制度に基づく環境配慮　187
  2　漁業法の発展と環境法化　188
  3　農薬取締法の発展と環境法化　217
  4　漁業法と農薬取締法の環境法化の比較　227

付録　環境政策史研究会の歩み…235
あとがき…243
索　引…245

第 1 章

環境政策史という視座
──「仕掛け」としての意義──

喜多川　進

1　環境政策研究における歴史的視点の提唱

　従来,「環境政策史」という語は, 国内外を問わず, 環境経済学や環境法といった講義の導入部や論稿の冒頭部において, 法制度や政策を時系列的に説明する際に主に用いられてきたように思われる。したがって,「環境政策史」が研究とみなされることはほとんどなかったといってよいだろう。また, かりにそれが研究とみなされたとしても, とくに環境政策分野の研究者には, 歴史的研究は過去を掘り起こす作業に終始するものとして, 今後の政策および政策形成への貢献が疑問視される可能性が少なくない。現に, 1990年代以降に著しい発展を遂げた環境政策研究は, ほぼ現状分析と将来予測によって占められている。目前の環境問題を解決するという緊急性から現状分析と将来予測が重要であることはいうまでもないが, 環境政策の誕生背景, 政策過程, その後の変遷を政治的, 経済的, 社会的文脈のなかに位置づける歴史的研究は, 長い目でみればより有効な問題解決へと道を開くものともなり得る。この問題意識に基づき, 環境政策を歴史的に考察する「環境政策史」なるものの重要性を提起したのが, 喜多川 (2006; 2013; 2014; 2015) であった。

　これまでの筆者による環境政策史に関する議論を踏まえて, 本章では環境政策史という視座の特徴や意味について論じることにする。以下の第2節と第3節では, 環境政策史の概要を述べ, その柔軟な姿を浮き彫りにする。そ

して，第4節では環境政策史の多様性がもつ意味について議論し，第5節では典型的な環境政策史の研究例を示す。最後に，第6節ではまとめを行う。これらの作業を通じて，本章では，われわれがめざそうとしている環境政策史像の一端を明らかにしたい。

2　視座としての位置づけ

(1)　環境政策史の必要性と意図

　詳細は次節で述べるが，ある意図から，われわれは環境政策史を厳密に定義してはいない。その理由は，われわれが環境政策史においてめざす方向性と深くかかわっている。筆者は，それぞれの環境政策史があってよいと考えるが，本書では，環境政策史は環境政策の成立・展開過程を歴史的に考察する視座であり，意図的に環境政策に関する歴史的研究を進めようというマニフェストでもあるとしておきたい。[3]これは，次章において，時間を考慮に入れた環境政策の研究視角を環境政策史とした，佐藤圭一の見解に通ずる。

　ここで，環境政策史なる視座の必要性，さらに環境政策史を意図的に提唱すべき理由を考えてみたい。

　本来，環境政策の実体やそれを取り巻く現在の問題状況をより深く理解し，環境政策の将来のあるべき姿を構想するためには，政策の来歴についての丹念な解き明かしが必要である。環境政策は現代社会の諸問題を映し出す鏡のようなものであり，それぞれの時期のさまざまな歪が，環境政策にも影を落としている。今後の環境政策を考えるうえで，これまでの環境政策とは何だったのか，いかなる経緯で今日の環境政策が生み出されたのかという過去の十分な検証が不可欠である。環境政策史はこの検証をなし得る。

　にもかかわらず，環境政策史が精力的に研究されていない理由は，環境政策研究と環境史をとりまく学問状況とかかわる。前述のとおり，従来の環境政策研究は，主に現状分析と将来予測に力点をおいたものであった。[4]それは，

環境政策研究者にとっては，目前の環境問題の解決が急務であったという事情による。一方，環境史研究は1970年代以降，国際的に発展してきた。しかし，1970年代以降の環境政策を歴史家が研究対象とすることは稀である。それは，この時期は現在に近く客観視が難しいうえに，歴史研究に耐え得る史料を見出しにくいという制約があるからである。そのため，その登場が1960年代以降と他の公共政策に比べて導入以来の日が浅い環境政策は，歴史研究の対象となりにくかった。1970年代以降の環境政策の劇的変化を考慮すれば，環境政策研究と環境史のはざまの時期に存在する研究の空白地帯への積極的なアプローチは不可欠であり，それが環境政策史を意図的に提唱する所以である。[5]

もっとも，歴史的視点による環境政策研究は少ないものの，これまでさまざまな学問分野のなかで環境政策史と呼ぶべき研究が行われてきたのも事実である[6]。それらは，政治史，経済史，環境法，環境社会学，環境史などのさまざまな学問分野の片隅で個別に行われており，研究相互の関連はほとんどみられないものであった。そのさまは，医学史を専門とする鈴木晃仁が「研究者がそれぞれの領域で閉鎖的に研究しているため，同じ主題や類似の主題に関する別の領域の研究成果と連関しないままでいることがあまりにも多い」（鈴木 2014, 34）と評した日本の医学史の研究状況に通じる。

では，さまざまな学問分野の片隅で，ひっそりと環境政策の歴史的研究を行っている人々に，環境政策史の提唱はいかなる意味をもつであろうか。学問分野の主流から遠い位置にいる彼らは，環境政策史との出会いを通じて，研究上のもうひとつのアイデンティティを見出すことになる[7]。この発見を通じて，新しい連関のなかでの自らの仕事の発展が可能になるだろう。そして，環境政策史との出会いは，既存の学問分野に軸足を置きつつも，ひとつのディシプリンの枠組みを超えることにより，各人が基礎としているそれぞれの学問分野の相対化にもつながる。環境政策史は既存の学問の解体を意図しないが，学問のあり方を問い直すものになるだろう。

（2） 環境政策史の射程

「史」という語が付加されていることにより，環境政策史とは環境政策に関する歴史的な研究であるとの理解は容易に成り立つ。しかし，読者にとって環境政策史研究の具体像は必ずしも明らかではない可能性がある。それは，「環境政策史」という語を構成する「環境」「政策」という語が指し示す内容が幅広いことによる。

もとより「環境」という語は，明確に定義されているものではない。われわれは，環境問題にかかわる幅広いものをすくいとろうというねらいをもっているため，「環境」という語を使用する際には，開発，農業，科学，技術など，環境問題と接点を持つ幅広い領域をも射程に入れている。一方，「政策」に関して問題となるのは，その主体が誰かという点である。政策の主体は基本的には行政であるが，近年，公的制度の担い手となっている業界団体やNPOといった組織をもわれわれは視野に入れる。また，環境運動は環境政策に一定の影響を与えうるため，環境政策の成立・展開をみるうえで，必要に応じて環境運動をも視野に収めることになる。

「史」という語の意味するところも幅広い。環境政策史のひとつの目的は，非歴史研究を行っている環境政策研究者に対する歴史的研究の重要性の喚起である。そのため，環境政策史において想定されている「史」的研究には，歴史家が歴史研究と認識しがたいものも含まれる場合がある。⁽⁸⁾歴史研究に比べ，環境政策史は短い期間の政策展開をも研究対象とする傾向があるのは，両者の相違の一例である⁽⁹⁾。

以上が，環境政策史の研究対象に関する字義的な説明である。しかし，この説明をもって環境政策史の全貌がすべて明らかになったというわけでもない。それは，環境政策史のめざすところに関して，次のような疑問に接することが少なくないからである。筆者のこれまでの約10年間の経験によれば，初めて「環境政策史」という言葉に接したときの人々の典型的反応のひとつは「新しい『分野』を打ち立てる試みであり素晴らしい」というものである。

じつは、これとある意味で通底する「環境政策史は学問のさらなる細分化をめざすものであるゆえに、好ましいものではない」という反応もある。実際には、環境政策史は、新しい学問分野の創造を目的としているのでもなければ、学問の細分化をめざすものでもなく、前述のとおり、研究上の視座およびマニフェストである。

3　柔軟さの意義

　前節で述べたように、わえわれは環境政策史を柔軟なもの、境界がゆるやかなものであるととらえている。したがって、説明を尽くさなければ、環境政策史の内容や意図が明確に伝わりにくい場合がある。そして、この環境政策史の柔軟さと境界のゆるやかさは、しっかりとした枠組みに依拠して勉強・研究したいという人々には魅力的ではないかもしれない。

　その一方で、この許容範囲の広さは、環境政策史のメリットでもある。なぜならば、広義の環境政策を歴史的に考察する環境政策史という議論の場に参加する人々の関心領域は、環境政策にとどまらないばかりか、環境問題にも限定されず、その周辺の開発、農業、資源、科学、技術といったテーマにまで広がる。これまで、環境政策史研究会にかかわった人々の学問分野は、法学、政治学、経済学、経営学、社会学、文化人類学、地域研究、地理学、近現代史（政治経済史、日本史、科学史、環境史）などと幅広い[10]。厳密な定義や枠組みを打ち立てた瞬間に、環境政策史はもはや幅広い関心をもつ人々の交流の場ではなくなってしまうだろう。

　環境政策史の多様性をあらわしているのが、図1-1である。この図の説明に先立ち、環境分野の諸学問のこれまでの状況を示している図1-2に触れてみたい。

　環境問題が1960年代以降顕在化するなかでの現実的な必要性から、時期の前後はあるが、政治学、経済学、法学、工学、自然科学、社会学のそれぞれ

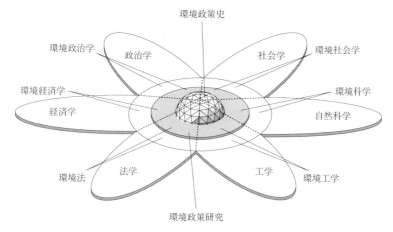

図1-1 環境政策史の位置
出典:喜多川(2013, 89)。

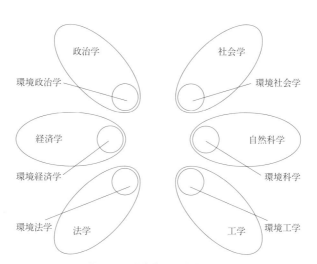

図1-2 環境諸学の発展と分化
出典:喜多川(2013, 89)。

のなかに環境問題を研究する分野が出現し，環境政治学，環境経済学，環境法学，環境工学，環境科学，環境社会学といった分野が誕生した（図1-2）[11]。ただし，その後のそれらの環境分野の諸学問の発展は，環境政治学，環境経済学，環境法学といった学問分野間の隔たりをも大きくした。図1-2は，発展し確固たる地位を築く一方で，分野間の連接が十分ではない環境研究の現状をあらわしている。

環境政策を歴史的視点からみる環境政策史は，各学問分野の研究者を繋ぎ合わせる機能を持つ[12]。その様子を表現したのが図1-1である。2次元であらわされている図1-2と異なり，図1-1は3次元である。すなわち，政策研究の平面と歴史研究などの人文科学的要素を示す垂直軸で構成されている。

まず，政策研究の平面をみてみよう。花片のような形状をした部分に政治学，経済学，法学などが位置づけられている[13]。灰色部と白色部の2層で構成されるその内側の扇型の部分が環境政治学，環境経済学，環境法学といった環境にかかわる諸学問分野である。ここで，環境政治学，環境経済学，環境法学，環境工学，環境科学，環境社会学のなかの政策論に関する部分である環境政策研究は，灰色の円形部分としてあらわされている。一方，垂直軸は歴史研究などの人文科学を示す方向である。そして，歴史的視点で環境政策をみる環境政策史は，環境政治学，環境経済学，環境法学，環境工学，環境科学，環境社会学の一部を歴史的視点で連接するという意味で，図1-1の環境政策研究の平面上から垂直の歴史的視点の方向へと伸びている。そのため，環境政策史は模式的に球状の網目部分として表現されている。しかし，柔軟さと境界のゆるやかさという環境政策史の特徴を考慮すれば，その形状は球状というよりも，さまざまな学問分野の方向にアメーバ状に展開するダイナミックなものというべきである。この環境政策史の「形状」については，次節であらためて立ち返る。

4　「仕掛け」としての環境政策史

　ここでは，環境政策史の幅広さや多様性は，何をもたらすのかを考えてみたい。まず，環境研究や環境問題に対する昨今の認識の変化に目を留めることで，環境政策史がもつ幅の広さの意味を考えてみよう。

　日本の環境政策研究を公害研究をも含めたものとしてとらえた場合，その歩みは幾度かの「構造変化」を経験しているといってよいだろう。まず，1960年代から1980年代頃までの公害研究は，政府および企業への批判活動の一環とみなされ，研究資金獲得や大学などでの後進の育成が困難であった。しかし，その状況は，1990年代の地球環境問題ブームにともなう環境研究の隆盛のなかで激変した。すなわち，世論の環境問題へ関心が著しく高まったばかりでなく，政府や企業は環境研究を支援し，自ら推進するようになった。その一方で，この10年ほどの貧困，不況，テロ，難民といったさまざまな社会問題の噴出の結果，環境問題および環境研究への世の中の関心が相対的に低下したのではないかと思われる。と同時に，一般の人々のなかには，「環境」という言葉に対して実効性が少ない綺麗事，あるいはビジネスと結びついた方便といった印象を持ち拒否反応を示す傾向もみられる[14]。

　しかし，環境問題に距離をおこうとする人々がもつ，さまざまな社会問題への関心は，環境問題および環境研究と何らかのかたちでつながっていることが多い。それは，環境問題というのは単体で存在しているのではなく，政治，経済，社会のさまざまな問題とかかわっているからである。このように理解したとき，シンポジウム「環境研究をひらく──着想・出版・伸展」の基調講演における藤原辰史の「学界の外にいる人が『環境』という言葉で表現していない事柄のなかにも，環境研究者が耳を傾けるべきものはたくさんある」という問題提起は，極めて示唆に富む。それは，アカデミズムの内外にとらわれず，『環境』という言葉で語られていない事象のなかに，環境問

第1章　環境政策史という視座

題について考えるうえでのヒントが隠されていることによる。この点を敷衍するために先の図 1-1 に立ち返ろう。

　環境問題と距離を置いている人々は，図 1-1 において灰色に着色された環境政策研究の外側に存在する，花片状の部分(15)に位置していることになる。環境政策史は，狭い意味での環境研究に限定されずにアメーバ状に広がり灰色部分を飛び越えて，政策研究の平面上の花片部に位置する非環境研究，さらにそれと垂直方向の歴史学などの人文科学ともつながる可能性を有している。狭い意味での「環境」「政策」「歴史」に限定されない環境政策史は，縦割りの学界のなかで普段出会わない人々を結びつける可能性を有している。それを体現したひとつの例が，前述のシンポジウム「環境研究をひらく──着想・出版・伸展」であった。登壇者の専門分野は，環境史・農業史，公害・環境思想史，現代史，書籍編集，環境法・行政法と多彩であったが，聴衆の専門も各種環境研究のほか，森林科学，移民研究，感情社会学，東南アジア研究，ラテンアメリカ文化論，臨床心理学，会社員（出版，コンサルティング，鉄鋼，通信など）と多岐にわたった。

　この環境政策史がもつ潜在的な「越境力」は，鈴木晃仁が医学史研究の発展のために不可欠とした「多様性が共存して出会う仕掛け」（鈴木 2014, 34）あるいは「多様な力が出会う場」（鈴木 2014, 35）を生み出すものになるだろう。相当の研究蓄積を有する医学史と比較すれば，環境政策史はまだ緒についたばかりであるが，環境政策史研究会，そして本書は環境政策における歴史的研究を進めるための「仕掛け」のひとつである。

5　典型的研究例

　本書執筆陣は，前節で述べた「仕掛け」のなかで出会ったといえるが，われわれ執筆者のなかで共有されている環境政策史の3つの研究例をここで提示してみたい。それは，前節まで展開されてきた環境政策史像にいくばくか

の輪郭を与えるためである．その研究例とは，環境政策史研究会の設立以来のメンバーの著書である及川（2003）および喜多川（2015），さらに小堀（2010）である．小堀（2010）が研究対象としている時期は1920年から1960年代前半までであり，本格的な環境政策の着手以前であるが，そのテーマである日本のエネルギー革命は，公害および環境問題，巨大地域開発，さらに原子力発電と不可分であり，まさに環境政策史が射程に入れるべきものである．そのため，産業政策史，産業史，経営史，技術史をもカバーする日本経済史の業績である本書を環境政策史の最高水準の研究書として読むこともできる．現に，環境政策史研究会のメンバーは本書から大きな影響を受け，彼との日常的な議論から多くを学んでいるので，ここでとりあげたい．

『アメリカ環境政策の形成過程——大統領環境諮問委員会の機能』（及川 2003）は，アメリカ合衆国の環境諮問委員会（Council on Environmental Quality: CEQ）の誕生背景とその機能について歴史的に研究したものである．環境保護庁（Environmental Protection Agency: EPA）とともに合衆国の中央環境行政機関のひとつである環境諮問委員会は，行政府の最高レベルに位置する大統領府内に1970年に設置された．大統領府直属の環境諮問委員会は，農務省，エネルギー省，環境保護庁といったほかの連邦省庁よりも上位の政治レベルにあるとみなされており，強い権限をもつ大統領をサポートしている．そして，環境保護庁が汚染のコントロールを主要な責務とするのに対し，環境諮問委員会は一段高い位置から環境行政全体を鳥瞰し，省庁横断的な政策調整・立案や省庁間での意見対立発生時の紛争解決などにあたる．このように，環境諮問委員会は総合調整機能を特徴とする，国際的にみても極めてユニークな環境行政機関である．本書は1950年代後半から1999年までを対象として，議会公聴会資料やホワイトハウス内で交わされたメモなどの一次資料，さらに関係者へのインタビューなどに基づき，環境諮問委員会の総合調整機能の実態を明らかにしている．本書は，著者の元来の専門である行政法および環境法の視点と公共政策研究の素養が融合された歴史的研究であり，従来

の行政法・環境法研究の枠を超えている。日本をはじめとする国々で環境政策担当省庁と開発省庁の深刻な対立が生じている今日において，環境問題をめぐる政策調整システムのひとつの姿を本書は指し示している。

『環境政策史論——ドイツ容器包装廃棄物政策の展開』（喜多川 2015）は，容器包装令を核とするドイツの容器包装廃棄物政策の展開に焦点を当てたものである。容器包装廃棄物政策が誕生した1970年を起点とし，容器包装令が制定された1991年が分析の終点である。容器包装廃棄物の発生抑制を目的としている容器包装令は，容器包装廃棄物の回収・分別の責任所在をそれまでの自治体から，容器包装の製造・販売などにかかわる事業者に移したことから，拡大生産者責任（Extended Producer Responsibility: EPR）の世界初の導入例として知られており，その後，フランス，オーストリア，日本をはじめとする先進諸国の容器包装廃棄物政策の参照モデルとなった。拡大生産者責任は，企業側に製品の廃棄後の処理責任を命じる画期的な環境原則として受け止められることも多く，容器包装廃棄物政策分野のみならず近年の環境政策の制度設計に影響を及ぼしている。

この容器包装令は，環境政策に消極的であったはずのコール政権下で定められている。さらに，のちに拡大生産者責任と称されるようになった，企業側にとって厳しいと考えられるコンセプトは経済界自らが1990年に提唱したものである。このようにドイツの保守政党や財界が容器包装廃棄物政策を推進した理由は，これまでほとんど明らかにされていなかった。本書では，未公刊文書などの一次資料も利用し，保守政党および財界による容器包装廃棄物政策は，さまざまなアクターの利害関係や政治的駆け引きのなかで，環境保全目的よりもむしろ経済的および政治的要因から推進されたことが明らかにされている。すなわち，容器包装廃棄物の回収・分別の責任所在をそれまでの自治体から，容器包装の製造・販売などにかかわる事業者に移すという経済界の提案は，結果的に拡大生産者責任の実現でもあるが，それは当時の保守政党の政策潮流であった民営化の廃棄物処理部門での貫徹でもあった。

また，冷戦終結による1990年の東西ドイツ再統一は，旧東ドイツを西ドイツの廃棄物ビジネスにとっての魅力あるフロンティアとする一方で，1992年に予定されていた域内単一市場の形成が目前に迫った欧州を西ドイツの廃棄物ビジネスの有望な進出先とした。容器包装令制定に当たり，旧東ドイツ地域および欧州に進出し得る廃棄物処理システムの新設がなされた背景には，このドイツや欧州を取り巻く政治経済的環境の変化があった。さらに，1990年内に予定されていたドイツ再統一後初の総選挙で，保守連立のコール政権が社会民主党や緑の党などに敗れて野党に転落する可能性も予測された状況下で，コール政権側は世論の関心も高い環境問題において一定の成果を上げるために容器包装廃棄物政策を推進したことも示されている。

　従来の環境政策研究では，政策導入の数年前のみの展開に焦点を当てるのが通例であった。また，環境史研究者は1970年から1991年という時期の政策展開を扱うことは少ない。本書ではたかだか約20年間にすぎないが，環境政策史的視点から一連の政策展開を跡づけることで，ドイツの環境政策を一面的に称揚せず，その実像に迫ることを可能にした。

　『日本のエネルギー革命——資源小国の近現代』（小堀 2010）は，「1950年代の日本における経済復興から高度成長への転換過程をエネルギー革命に注目して明らかにする」（小堀 2010, 5-6）ものである。表題にもなっている「エネルギー革命」とは，1次エネルギーの国内炭から海外原油への転換を指す。著者は日本のエネルギー海外依存の確立過程に焦点を当てることで，時代の全体像の解明を試みている。

　現代日本の諸特徴が1950年代に確立されたとみる小堀のねらいは，「戦後日本社会がどのようにして現在のようなかたちで確立したのかを論理的に明らかにすること」（小堀 2010, 3）である。そのための小堀の姿勢は明快である。まず，「1950年代に生起した変化を，先行する時期からの連続性・断絶性の関係に位置づけて長期的に把握する」（小堀 2010, 3）というものである。その代表的な例が，熱管理に関する詳細な分析である。エネルギー節約技術

を意味する熱管理は，日本のエネルギー革命を可能にした重要な要素と小堀が考えるものである。日本が石炭輸出国から輸入国に転ずるなかで1920年代の大阪で取り組まれた煤煙防止と燃料節約が，その後，全国的な熱管理政策として戦前と戦後復興期に発展してゆく過程が描かれており，戦前・戦時期の技術と高度成長期の技術革新の連続性が示されている。

いまひとつの小堀のスタンスは，「1950年代を通じて変化が生起した過程を，多様な主体に注目して具体的に跡付けることである」(小堀 2010，4)。そのため，鉄鋼，重工業，石油，運輸，電力などの企業のほか，通産省，運輸省，商工省，石炭庁といった省庁，政党，経済団体連合会，日本鉄鋼協会等の民間経済団体，さらに漁業協同組合に至る一次史料が渉猟されている。そして，経済史的な分析のみならず政策過程分析も行い，産業横断的かつ全国的な運動であったエネルギー革命の実態の立体的な把握に成功している。

本書では，少なくとも1950年代には，日本のエネルギー節約技術の発展が環境負荷を増大させ，公害を許容する社会がエネルギー節約技術の発展を促進していたことが指摘されている。たとえば，鉄鋼会社にエネルギー節約をもたらした酸素製鋼法によって煤煙被害が深刻化するとともに，エネルギー革命に不可欠な臨海工業地帯の造成は自然海岸の喪失と水質汚染を招いた(小堀 2010，347-348)。のちに本書での議論を発展させ，酸素製鋼法による環境汚染に関するKobori (2012)，原子力開発に関する小堀 (2013)，地域開発と環境問題に関する小堀 (2017) が生み出されていることは，日本のエネルギー革命と公害・環境問題との密接な関連を示している。

これらの3つの研究は，それぞれ別の時期と事例を扱っているにもかかわらず，環境政策を歴史的にみるという視座は一貫している。そのため，環境政策史研究会での議論を通して，研究会メンバーのそれぞれの研究に有形無形の影響を及ぼしている。

6　歴史的回帰の重要性

　後発の公共政策といえる環境政策は，劇的に生じた問題の解決のために，伝統的な経済政策や産業政策とのせめぎあいのなかで比較的短期間で大きなイノヴェーションを経験した分野である。その一方で，急激な問題状況の変化を受けた短期間での政策形成は，その政策形成過程に起因する政策自体の問題点をも生み出しやすい。したがって，環境政策の成立・展開過程を詳細にみる姿勢は，環境政策の検証のうえで不可欠である。

　また，近年，企業，行政，保守政党などがさまざまな意図のもとで積極的に環境政策に関わるようになるなど，環境政策を推進する各アクターの意図は複雑化し，直ちに把握しがたいものになった。このように今日の錯綜した環境政策の来歴や実態を把握するためには，資料を駆使して細かい「こま撮り」で各アクターや政策の変化を動画のようにトレースすることが必要であり[17]，環境政策史はそれをなし得るものである。すでに一定の歴史的蓄積を有するようになった環境政策は，このようなトレースを行うための格好の素材である。

　環境問題とは，これまでの時代のさまざまな歪が噴出したものといえるが，歴史的考察は，それらの歪をひとつひとつ解き明かすものである。そういった地道な作業なくして，今日の複雑な環境問題の諸相を理解し，対処することは困難である。さらにいえば，これまでの環境政策，環境研究および環境運動とはいったい何だったのかといった，歴史的検討を要する大きな問いに答えるためには，幅広い力の結集が必要である。そのような力の結集を通じて，環境政策史は環境政策研究に新しい風を吹き込むだけでなく，実際の環境問題解決への手がかりをも与えるものになるのではないだろうか。

　＊本章は科学研究費（課題番号：26512007「日独豪比較による新しい環境研究の探

求：環境危機対応としての政策・研究の過去と現在」）の研究成果の一部である。

注
（1） 本章では，法学，経済学，政治学，社会学や自然科学等の分野でなされてきた環境政策研究一般を「環境政策研究」と称する。
（2） とくに，本章とあわせて喜多川（2015）の補論「環境政策史研究の構想と可能性」を参照していただければ幸いである。
（3） この点については，喜多川（2015, 11-12; 185）で指摘した。
（4） 歴史的視点による環境政策研究の例として，いわゆる公害研究とコモンズ研究の一部を挙げることができる。前者を概観したものとしては喜多川（2015, 167-169）を，後者の研究例としては三俣（2000）を参照されたい。
（5） ただし，環境政策史の研究対象時期は1970年代以降に限定されるわけではない。それは，1970年代から今日に至る環境政策は，先行する時期の政策，制度，思想，社会運動などとの強い連関のなかで生み出された可能性があるためである。したがって，環境政策史は今日の環境政策をめぐる諸問題を念頭に置きつつ，1970年代以前の時期も射程に入れることになる。本書第3章および第8章が1970年代以前の時期を研究対象としているのはそのためである。
（6） そういったさまざまな環境政策史研究の詳細については，喜多川（2015, 171-177）を参照されたい。
（7） この点は，環境政策史との出会いによって，環境法学者に加えてもうひとつの研究者としてのアイデンティティを獲得したという，及川敬貴の経験を通じて認識できたものである。
（8） 環境政策史の説明の際に，本章で「歴史研究」ではなく「歴史的研究」としているのはそのためである。
（9） この点については，佐藤圭一による第2章第2節を参照。
（10） 環境政策史研究会でなされた研究報告の内容については，巻末付録「環境政策史研究会の歩み」を参照。
（11） なお，図1-1および図1-2はあくまでも模式的なものである。環境政策史は，図中に記されている法学，経済学，政治学，社会学，自然科学，工学以外の学問分野を排除しているのではない。たとえば，地理学，人類学といった学問分野も本来この図中に位置づけられるものであるが，作図の便宜上の理由から記していない。
（12） 環境政策研究の各学問分野の研究者を繋ぎ合わせる機能をもつものとして，歴史的視点は唯一のものではなく，たとえば，倫理的視点もそのひとつではないかと思われる。
（13） とくに，法学，社会学，自然科学，工学などは政策研究のみではないので，この花片状の部分も3次元的であるべきだが，図1-1では簡略化し2次元であらわしている。

(14) この点は，2015年11月7日開催のシンポジウム「環境研究をひらく——着想・出版・伸展」において聴衆からの提起を受けて議論されたが，2000年代後半以降の日本での地球温暖化懐疑論をテーマとする書籍の出版ブームもその一端を示すものと推測される。日本における温暖化懐疑書籍の出版動向については，藤原・喜多川（2016）を参照。なお，このシンポジウムは，環境政策史研究会の企画・運営により法政大学で開催されたものであり，その内容については，本書の「はしがき」において触れている。
(15) 図中で政治学，経済学，法学といった文字が記されている部分を指す。
(16) デュアル・システムと呼ばれる廃棄物処理システムを指す。デュアル・システムに関する詳細は喜多川（2015）を参照されたい。
(17) ポール・ピアソン（Paul Pierson）によれば，これまでの研究では，ある政策の導入時期およびその前後の短い期間のみを考察の対象として，政策の導入要因を列挙する傾向がみられた。しかし，このような「スナップショット」的視点では，目前の変化のみに焦点を合わせてしまいがちであり，構造的要因の役割を認めがたい。そこでピアソンは，視点をスナップショットから動画に転換することを説いている（Pierson 2004）。経済，政治，社会の変化のなかでの政策の展開を長期的にみるというのがピアソンの考えであり（Pierson 2004; Pierson 2005, 48），筆者もそこから着想を得ている。もっとも，ピアソンは歴史的視点の重要性を提唱しているものの，単なる叙述的説明に意義を見出しているのではなく，経路依存（path dependence），タイミング（timing），配列（sequence）といったキー概念に基づく分析的な歴史的アプローチを構想しており（Pierson 2004），本書で展開される環境政策史とは最終的にめざす方向性が異なる。

参考文献

及川敬貴（2003）『アメリカ環境政策の形成過程——大統領環境諮問委員会の機能』北海道大学図書刊行会。
喜多川進（2006）「環境政策史研究の動向と展望」環境経済・政策学会編『環境経済・政策学会年報第11号 環境経済・政策研究の動向と展望』東洋経済新報社，121-135。
─────（2013）「環境政策史研究の動向と可能性」『環境経済・政策研究』6(1)：75-97。
─────（2014）「環境政策史——その挑戦と課題」『大原社会問題研究所雑誌』(674)：3-18。
─────（2015）『環境政策史論——ドイツ容器包装廃棄物政策の展開』勁草書房。
小堀聡（2010）『日本のエネルギー革命——資源小国の近現代』名古屋大学出版会。
─────（2013）「原子力政策黎明期における『対米依存』の論理——経済企画庁原子力室阿部滋忠に注目して」『季報唯物論研究』(123)：22-35。
─────（2017）「臨海開発，公害対策，自然保護——高度成長期横浜の環境史」庄司俊作編『戦後日本の開発と民主主義——地域にみる相剋』57-90。
鈴木晃仁（2014）「医学史の過去・現在・未来」『科学史研究［第Ⅲ期］』(269)：27-35。

藤原文哉・喜多川進 (2016) 「温暖化懐疑論はどのように語られてきたのか」長谷川公一・品田知美編『気候変動政策の社会学——日本は変われるのか』昭和堂, 159-184。

三俣学 (2000) 「明治・大正期における地域共同体（コモンズ）の森林保全——滋賀県甲賀郡甲賀町大原地区共有山を事例にして」『森林研究』(72)：35-44。

Kobori, Satoru (2012) "Development of the Japanese Energy Saving Technology during 1920-1960: The Iron and Steel Industry", *Economic Research Center Discussion Paper*, (E12-1), Nagoya: Nagoya University.

Pierson, Paul (2004) *Politics in Time: History, Institutions, and Social Analysis*, Princeton: Princeton University Press（粕谷祐子監訳 (2010) 『ポリティクス・イン・タイム——歴史・制度・社会分析』勁草書房）.

―――― (2005) "The Study of Policy Development", *Journal of Policy History*, 17(1): 34-51.

第2章

環境政策史における社会モデル
――「時間」をいかに変数にいれるのか――

佐藤　圭一

1　なぜいま「環境政策史」なのか

　「時間」を政策分析のモデルに組み込むことによって，どのような視角を新たに得られるのか。とりわけ本章が重視するのは，時間の「ズレ」である。政策が射程とする時間幅のちがいや，政策実施と政策効果が発揮されるまでの時間差といった時間の「ズレ」は政策につきものであり，そこに注目することによって，アクターの政策選好や利益表出の主要なエネルギー源について洞察を得ることができる。時間のズレそのものは，さまざまな政策領域で起こりうるが，とりわけ環境政策の領域においてはその効果が大きい。このような知見を導くため，本章では環境政策史における基本社会モデルとして「政策」―「社会」―「生態／生体」の三層モデルから発想することを提案する。時間を分析視角に含みこむ環境政策史研究にどのような可能性が広がるのか，本章を通じてその一端を明らかにしたい。

　先進各国において環境を冠した政策が誕生したのが1960年代後半とするならば，そこからはすでに40年近く経過している。これにともない環境問題や環境政策の展開を歴史的に追おうとする研究は蓄積してきている。日本においても，公害を歴史的視点から研究する都留重人（Tsuru 1999），宮本憲一（1987），宇井純（1988），飯島伸子（2000）らによる先駆的研究が存在する[1]。

　しかし，喜多川進が総括するように，これまで環境政策研究において，こ

れらの環境政策の変遷を追う研究手法の可能性が議論されることはほとんどなかった（喜多川 2015, 157-158）。本書が全体として提案する「環境政策史」は，すでにあるこれらの研究を，ひとつの研究視角として積極的に位置づけようとするものである。

　こうした提案は，学際的な環境研究の進展を後押しするプラットフォームを作る試みとして，まずはとらえられるべきだろう。環境政策の展開を追う研究は，こんにち社会学・政治学・法学・経済学・歴史学などさまざまな分野で行われており，「環境政策史」という共通の名前を付けることによって，それぞれの分野の研究者たちが新たに交流を始めることができる。ただし本章は，新たな方法論による特殊学問領域を打ち立てるべきという立場には立たない。方法論は研究対象とする個別課題から内在的に導き出されるべきものであり，共通の研究手法をトップダウン式に当てはめることはできないと考えるからだ。また，唯一の方法論を打ち立ててしまった瞬間にその交流の場の活力は失われてしまうだろう。

　しかし学際的なプラットフォームとしての環境政策史を構想しても，他の研究での経験と同じように，学問分野間の交流はつねに困難をともなう。何を説明対象として構想し，何をその要因として研究視角にいれるのか。どの程度の時間幅を構想するべきなのか。どのような作法をもって「説明」とするのか。これらの点は当然研究者ごとに異なるが，それ以上に拠って立つ学問の「癖」のようなものがある。その「癖」のちがいは，学際交流をすると顕著に顕れる。実際，本書の執筆陣の交流の場となった環境政策史研究会での5年にわたる議論は，このちがいを意識する共通経験であったともいえるだろう。

　環境政策史研究の「混乱状況」に対して——もちろん多様な視角からの研究があること自体は決して悪いことではないが——，本章はマクロな視点からの整理を試みるものである。前述のように環境政策の歴史的研究は今後も蓄積していくことが予想され，研究者は自身の学問分野に拠って立ちながら，

ほかのさまざまな成果を取り入れつつ研究を進展させることができる。その際に，大きな意味での整理がなされていた方が，ほかの研究をどのように理解し，取り入れるのかを構想しやすい。とりわけ本章では，どのような「癖」をよりどころにするにしろ，時間のズレを意識することで隠れた分析視角を顕在化することができると論じる。

　このような整理をするにあたって，次のような疑問に答えていくべきだろう。
①環境政策だからこそ生まれてくる視点はあるのだろうか。歴史研究は社会科学の一般的な研究手法のひとつだが，環境政策を扱う場合には，どのような社会モデルを構想すればよいのか。
②環境政策を扱う場合に「時間」という要素を研究プログラムのなかに積極的に位置づけることによって，何が視野に入ってくるのか。環境政策の研究はすでに進展しているが，そこにさらに「時間」という要素を入れることによって，どのような認識利得があるのだろうか。

　このような課題を念頭に，本章は以下のように論述を進める。まず次節において環境政策史という研究を，「時間」の視点を含みこんだ研究という形で定義することから始める。

　第3節においては，政策史という視点が生まれる契機をふまえたうえで，環境政策を歴史的に扱う場合の社会モデルを提示する。これによって環境政策を扱う場合には，独特のモデル化が必要であることがみえてくる。

　第3節におけるモデル化を用いて，第4節では，「政策」―「社会」―「生態／生体」間の時間の「ズレ」について述べる。

　先に本章の議論の限界についても述べておきたい。それは本章のマクロな整理そのものもまた，著者自身の学問分野の影響が強く出てしまうことだ。他分野の執筆者であれば，また異なる整理の仕方もあり得ただろう。しかし何も議論を提示しなければ，研究は進展しない。以降の議論は，政治社会学を専門とする者としてのひとつの回答である。

2 「環境政策史」=「環境政策」+「時間」

　社会科学において，時間をめぐる議論はその研究者の学問的立場と（しばしば過度に）結び付けられる形で議論されてきた。

　たとえば，アメリカ合衆国の社会学では，第二次世界大戦後，機能主義や量的分析に圧迫される形で歴史研究は一時期非常に少なくなった（スコッチポル1995, 11-13）。このため，1970年代半ばに再び歴史研究に注目が集まるようになると，前者に対置する形で，歴史研究の重要性がしばしば主張されてきた。

　政治学においては，『社会科学のリサーチ・デザイン』（キング・コヘイン・ヴァーバ 2004）と『社会科学の方法論争』（ブレイディ・コリアー 2008）の論争が有名である。前者の著者であるゲイリー・キング（Gary King）・ロバート・コヘイン（Robert Keohane）・シドニー・ヴァーバ（Sidney Verba）らは現象の要因（説明変数）と結果（被説明変数）を厳密に区別し，事例をなるべく多く集め，経験的研究を蓄積することにより理論改善を重ねていく必要性を強調した。

　これに対して，後者の編者であるヘンリー・ブレイディ（Henry E. Brady）とデイビッド・コリアー（David Collier）は，キングらの議論が回帰分析に代表される量的研究に潜む実際には疑わしい仮定（事例の同質性など）を看過し，量的研究の手順を社会科学研究一般の研究プログラムにしようとしていると反論した。そして質的研究の研究手法として彼らがとくに取り上げたのが，「定性的比較分析」（Ragin 1987）と並んで，「過程追跡」（ジョージ・ベネット 2013）と呼ばれる歴史的手法である。「過程追跡」とは，出来事の因果関係を時系列的に追いながら仮説構築・検証を行う事例研究法である。

　これらの論争内部では，さまざまな方法論が交錯していた。しかし，いずれも無時間的な確率論的統計分析モデルによる研究への対抗という形で展開

したものだったため，時間を考慮に入れる研究と入れない研究の視角のちが
いが，研究者間の会話において過度に強調されるきらいがある。すなわち時
間を考慮に入れない研究は，機能主義的・法則定立志向・コンテクスト軽
視・量的研究であり，時間を考慮に入れた研究は，構築主義的・個別記述志
向・コンテクスト重視・質的研究であるといったものだ。

けれどもこのような二分論はいくつかの具体的な研究事例を考えてみれば，
すぐに誤りであることに気づく。たとえば，壮大な日本史研究である『文明
としてのイエ社会』において，村上泰亮・公文俊平・佐藤誠三郎（1979）ら
は，日本の歴史をイエ型とウジ型の集団結合論理の相克関係として整理した。
この研究は極めて機能主義的かつ法則定立的な歴史研究である。逆に各国の
政策浸透に関する研究は浸透する時間やタイミングをモデルに入れ込みなが
ら量的に研究が行われる分野だ。

このように「時間」を視野に収めた研究は，環境政策以外の分野も含めて，
実際にはその志向性・事例の採り方・時間のモデルへの入れ込み方など多様
に存在しており，研究手法の視野を狭くとる必要はない。単一の事例の歴史
を記述していく手法が「環境政策史」という名前から類推される最も素直な
手法ではあるが，多様で創造的な「時間」のモデルへの入れ込み方が構想さ
れるべきだろう。

また，「環境政策史」を歴史研究として限定する必要もないと筆者自身は
考える。通常，歴史研究といった場合，そこには（相当程度）過去の，かな
り長期の時間幅の政策の変遷をあつかった研究が最もよく当てはまる。しか
し事実上「環境」を扱う政策は存在していたが，「環境」を冠した政策その
ものが最近になって顕れてきたことを考えれば，歴史研究として限定してし
まうと，研究の可能性はかなり限られてしまう。たとえばアメリカ・ドイ
ツ・日本の3ヵ国の環境政策の展開を扱ったミランダ・シュラーズ（Miranda Schreurs）の『地球環境問題の比較政治学』（2007）は環境政策史的研究の
典型例と位置づけられるものである。しかしこれを越えたさらなる研究が生

まれるためには，ほかの多様なアプローチによる研究蓄積が今後なされる必要があるだろう。

以上の点から本章では，「環境政策史」を，「環境政策」+「時間」，すなわち「時間」を考慮に入れた形で「環境政策」を研究するアプローチとして，広めに定義しておきたい。

3　環境政策史研究の社会モデル

(1)　「政策」―「社会」―「生態／生体」

「環境政策史」として研究する場合，何を基本的な社会モデルとして考えればよいのだろうか。学問分野ごとに想定する社会モデルは重なり合いつつもやや異なる。たとえば政治過程論は，国家と社会を基本的に区別する。財政学は，政府・市場・家計を区別したモデルを想定する（神野 2002, 15）。公共政策研究では，社会経済の状況・人々の行動・政策を区別する（Dye 2005, 6）。さらに当然研究者の問題関心や研究課題によっても要素は異なるだろう。

細かなちがいはあるものの，最低限の区分として「政策」「社会」「環境」の3つを区別し，これらの相互作用を視野に入れたモデルから発想してみることを，ここでは提案したい。

ここでいう「政策」（public policy）とは，公共政策の教科書の標準的な定義にのっとり，「統治者／統治機構がやる／やらないと決めたこと」（Dye 2005, 1）と定義する。「やること」だけでなく「やらないこと」も含めて政策とするのは，敢えて政治的課題としなかったり，解決策をとらなかったりすることもまた，統治者／統治機構のとる重要な選択のひとつだからだ。

「社会」は，社会・政治・経済・文化的状況など人々の行為から生み出される関係性の次元をここでは指す。既述のように，この「社会」の内部をさらにどのように区分するのかは学問分野や研究課題によって異なる。

最後に「生態／生体」は自然環境や人間の身体といったモノの次元を示す。環境政策は環境を扱うため，生態系としての次元をモデルに含みこむことに大きな抵抗はないだろう。生態に加えて，人間の身体の物質的次元である生体を併記するのは，「環境」を認識する主体はどこかを考え直す必要があると考えるからだ。環境政策という独自の政策領域が生まれた直接的な契機が，生態系の悪化ではなく，公害問題であることをふまえれば，私たちが「環境」と認識するものは，実際には自分の身体と深く結びついたものであることに気づく。藤原辰史は，「環境」という言葉を一度括弧にいれて「あいだ」という言葉によってとらえてみることを提案する[2]。藤原の意図は，「環境」とは人間社会の外だけでなく，口や大腸など身体の内にも存在していることに注意を喚起しようとするものだ。私たちはまさに身体の内部に不具合をきたしたときに，その内なる「環境」が客体化され，それが外部の「環境」に投影されることを通じて，「環境問題」を把握するのである。したがって環境と身体は不可分な関係であり，ここではその側面を示すために，人の身体としての生体と，エコロジカルな存在としての生態を併記して表現する。

　「政策」「社会」「生態／生体」の3つの区分は，以下で述べる「環境政策」という政策領域が顕在化する背景から導かれたものである。

（2）「環境政策」の発展と歴史的経験の蓄積

　「政策史」を冠した学問や書籍は数多い。「外交政策史」「経済政策史」「社会政策史」など，政策分野ごとに「政策史」を冠した学問が存在する。大きくみた場合，ある政策領域を歴史的に研究する視角は，以下ふたつの前提条件が満たされた場合に生まれてくると考えられる。第一の条件は政策対象としての問題化であり，第二の条件は政策変化の経験の蓄積である。環境政策を政策史のひとつとして構想する試みが生まれてくるうえでも，このふたつの条件を必要とした。

　第一の政策対象としての問題化の側面について，先に論じたい。政策の歴

史は人の統治と同じぐらい古い（Katznelson 2001, 11541）。統治者や統治機構があれば、それが行う／行わないことはかならず発生するからだ。しかし、ある政策がほかの政策と区別される独自の政策領域としての地位を獲得するには、それが「なるようにしかならないもの」から、政府が制御可能な、取り組むべき社会的課題であるという認識が広がることを前提としてきた。

たとえば経済・社会政策の誕生について振り返ってみよう。エドワード・カー（Edward H. Carr）は、1910年ごろにヨーロッパにおいて社会改良は意識的に可能だという意識が芽生え始めたことを、ケンブリッジ近代史の次のような一節から例証している。

「『市場が万能薬だ』という信念に代わって、今日ヨーロッパ人の間に広がっているのは、『社会改良が意図的に可能だ』という信念である。まるでフランス革命の人権意識のように、この新たな信念の名声は絶大で同時に大きな可能性を含んでいる」（Carr 1962, 136, 訳文筆者）。

経済の好不況を操作する経済政策と、経済に左右される貧困問題に対する社会政策は、ほぼ同時に構想されるようになった。

環境政策は、最近認識されるようになった「社会的課題」のひとつである。たしかに、多くの国では鳥獣保護・資源・大気汚染・衛生といった側面を部分的に扱う法律や官庁はすでに存在していた。しかし国家が扱うべき独自の政策領域として「環境」が認識され独自の法律が制定されるのは、1960年代の後半以降からである（Jörgens 1996, 79）。

本書第8章において辻信一は、頻発する公害問題を背景に、環境保全以外の目的で制定された法律が環境保全や生態系保護を目的に加え「環境法化」（及川 2010, 63）する過程を分析している。これは環境悪化への対処という必要性が、環境法へと結晶化する過程を描き出しているものとして読むことができるだろう。

ただし独自の政策領域が顕在化するだけでは「政策史」としての視点は生まれてこない。歴史は変化を扱うものであり，変化の経験から歴史意識は生まれてくるものだからだ。第2の前提条件として，政策が時代ごとに変化してきたという経験の蓄積が必要となる。同時にこのことは，長期的に変化しないものの意識化とも並行している。長期的な過程を考察することによって，変化しにくいものは何かがみえてくる。

歴史を扱うことは社会構造を考察するための最も素朴でかつ強力な手法である。長期的な時間のなかでの変化を記述することで，社会構造の変化の視点を得ることができる。本書の各章に詳述されるように，環境政策はここ40年のあいだにめまぐるしく変わり，当初起草された対象とはずいぶんと異なるものとして存在しているものもある。変化の経験が積み重なることで，初めてその来歴を理解しようとする問題意識が生まれ出てくるものであり，まさにこんにちその機運が高まっているといえる。

（3） 三層のインプット・フィードバック関係

政策史研究とは，第一義的には政策の変化を記述するものである。「環境史」でも，「環境社会史」でもなく，「環境政策史」を謳うならば，環境そのものや社会の変化ではなく，政策の変化に関する何らかの知見を導くという最終的な目的に沿った記述が求められる。

もっとも各時代の政策の変遷を羅列することに研究を限定する必要はない。むしろその政策の変化を導いた要因や，その政策の帰結を記述に含めることによって，政策そのものをダイナミックにとらえることができる。

ここで環境問題を対象とした政策史研究を行う際に独自の枠組みが必要となる。すなわち「政策」―「社会」―「生態／生体」という相互のインプット・フィードバック関係である。

はじめに「政策」―「社会」関係について述べよう。通常の政策史研究と同様に，統治機構と社会の関係が記述要素に含まれる。この視角のあり方は，

国家と社会の分離が認識され，同時にそれらの統合がめざされる必要があるという近代的な政治観に基づいている。近代社会においては，典型的には選挙や利益団体を通じて人々の利益表出がなされ，それが政策を通じて実現され，社会にフィードバックされるという関係がある。つまり，社会的課題解決のニーズが表出され，それが政治過程を通じて集約され，最終的に政策として結実する。選択された政策によって社会的課題の解決が試みられる。それは思ったような効果を生み出さなかったり，あるいは新たな課題を生み出したりすることもある。こうした結果を受けて新たに利益表出がなされるという一連の循環が存在する(3)(篠原 1962, 6)。

このように「政策」と「社会」は，絶えず変化と均衡をもたらす関係として描かれてきた。しかし，環境問題の深刻さが認識されるにつれ，人間社会のなかで完結させる分析視角が批判されるようになった。

ウィリアム・カットン（William Catton）とライリー・ダンラップ（Riley Dunlap）は，1970年代後半に既存の社会科学は人間社会の内部の動きしか視野に収めていない「人間特例主義（Human Exceptionalism Paradigm: HEP）」であると批判した。社会は資源をはじめとした生態（エコロジー）的側面に強く制約されており，この生態系と社会関係をモデルに含みこむ新しい学問パラダイム「新環境パラダイム（New Ecological Paradigm: NEP）を構想するべきであるという（Catton and Dunlap 1980）。当時，アメリカ合衆国においても公害問題やローマ・クラブによる『成長の限界』（Meadows et al. 1972）などが大きな注目を集めていた。この議論をふまえるならば，私たちは「政策」「社会」に加えて「生態」（そしてわれわれの区分では上述のように「生体」も併記される）というもうひとつの層を組み込むことが必要になる。

カットンとダンラップの議論は，物質的次元である「生態／生体」が，関係性次元である「社会」を制約する側面を強調したものだった。しかし，環境政策の誕生の背景をふまえるならば，「政策」が「生態／生体」を改変する側面もまた同時に意識されるべきだろう。経済・社会改良が可能だという

意識が，経済・社会政策によるそれらの制御に結びついていった。同様に，環境政策が誕生したことは，環境が管理される対象物として明確に意識されるものとなったことを含意する。これは不可分なふたつの側面を同時に含む。ひとつは資源採掘や大気汚染の水準を一定に保つなど，環境を制御しようとする側面と，実際にその制御を可能とするように人々の社会活動を制御しようとする側面だ。これらの両側面をまとめて，佐藤仁は「環境統治」（佐藤 2014, 77）という言葉で表現している。

「生態／生体」を社会科学のモデルに組み込む場合には，もう一点，それを定義どおりのモノとしての次元をとらえるのか，それともモノを知覚する認知的側面をとらえるのか関して相違がある（Dunlap 2015, 798）。すでにみたように，カットンとダンラップの提案は，社会を物質的に制約する側面をとらえたものであった。この系譜の研究としては，資源による制約という初期に議論された側面だけではなく，今日では異常暖冬が政治的態度に与える影響（McCright, Dunlap, and Xiao 2014）や，社会の不平等がもたらす環境リスクの不平等な分配（Swyngedouw and Heynen 2003）など，「生態／生体」の物質的側面と社会的行為との多様な相互作用が検討されている。

本節第1項において述べたように，「生態／生体」はこの物質的側面としての環境をまずはとらえている。しかし，物質的側面を基盤としつつも，認知的側面をとらえる研究は，「生態／生体」のよさ／悪さが社会的に構築される側面を重視する。物質的側面が変化しても，それが直ちに社会活動に影響を与えるわけではない。たとえばマールテン・ハイエール（Maarten Hajer）は，「枯れた木」が存在するだけではそれは問題化されないが，「酸性雨の被害を受けて枯れた木」というストーリーラインに共鳴する人々が集まることによって，「枯れた木」は「環境問題」として理解されるようになり，対策が求められる対象になると論じた（Hajer 1993）。

「生態／生体」の認知は決して一様ではない。たとえ同じ「生態／生体」の悪化にさらされていても，それぞれの行為者がこのモノとしての次元をど

のようにとらえるのかによって，行為は変わってくる。この論点は，第4節で扱う「時間」のズレに関する点を含めてもう一度立ち返りたい。

アクターネットワーク理論（Actor-Network Theory: ANT）の代表的理論家であるブルーノ・ラトゥール（Bruno Latour）はよりラディカルな立場に立つ。ラトゥールは人間とモノはネットワークを形成する同等の要素であるという前提から出発する。「社会」はこれらのネットワーク要素によって構築されるものであり，「生態／生体」が社会的に構築されるだけではなく，「社会」もまた独自の領域としてあらかじめ設定することはできないという。ラトゥールの理解では，現象は，モノと人が不可分に，しかし，恣意的な形で結合することによって社会的現実となる（Latour 2005, 1）。この議論に則るならば，「社会」と「生態／生体」の境界そのものもまた，その都度形成される不安定なものとしてとらえることができるだろう。

ライアン・ホーリーフィールド（Ryan Holifield）は，ANTが環境正義に関する研究の進展に新しい形で貢献できると論じる。安全の基準や自明とされている権力の存在などを一度止揚してその源泉を追跡することを通じて，それがいかに不安定なものであるのかを明らかにできるからだ（Holifield 2009, 655）。丸山康司（2005）は，より実践的にANTを応用し，風力発電事業が，環境ビジネスと市民出資事業として行われる場合，参加者・風力発電への意味付与のあり方・関係性のあり方がそれぞれどのようにちがってくるかを論じている。

「生態／生体」や「社会」の存在そのものの源泉を追跡するANTの立場に立つ研究を例外として，環境を冠した諸学問は「政策」「社会」「生態／生体」のいずれを説明されるもの（被説明変数）／説明するもの（説明変数）としてとらえるのかによって，粗く整理することができる（図2-1）。環境社会学は「生態／生体」と「社会」との相互作用について論じることが多い。環境政治学は，「生態／生体」の悪化にも当然着目するが，それ以上に，それによって変化した「社会」における人々の行動が，最終的に「政策」にい

第2章　環境政策史における社会モデル

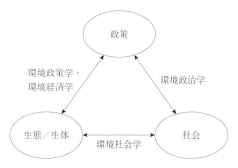

図 2-1　環境政策史研究の社会モデル
出典：筆者作成。

かに結実する／しないのかを問う指向が強い。これに対して環境政策学・環境経済学においては、「政策」が、「社会」や「生態／生体」にどのような影響を与えるのかを扱う傾向がある。

4　「時間」をモデルに組み込む

「政策」―「社会」―「生態／生体」の三層モデルにおいては各層間の相互作用がモデルに組み込まれている。その意味において、すでに「時間」の次元がこのモデルに含まれている。問題はそこでのインプット・フィードバックのタイミングが、各層ごとにしばしば異なることだ。この時間のズレは、とりわけ「生態／生体」をモデルに組み込んだことによって大きくなる。本節ではこの点について論じるが、その前段として、まず時間をどのように概念化することができるのかという論点から議論をはじめる。

（1）　出来事としての「時間」の理念系

「時間」を視野に含みこむ社会科学は、それをどのように概念化してきたのだろうか。古代から現代までの人々の時間意識の変遷を追った真木悠介（真木 2012, 158-197）は、出来事を1回かぎりのものとしてとらえるのか

31

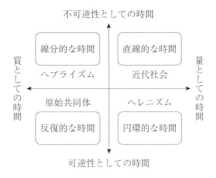

図 2-2　真木悠介による時間意識の 4 つの
　　　　理念系
出典：真木（2012, 163）。

(不可逆性)，それとも反復するものとしてとらえるのか (可逆性)，連続的に推移する側面をとらえるか (量的)，状態の質的な変化をとらえるのか (質的) を区別した。

　この区分の組み合わせごとに 4 つの理念系が出来上がる。すなわち，ふたつの相異なる質の時間を行き来する「反復的な時間」(原始共同体)，出来事がある周期のなかで回帰し永遠に持続する「円環的な時間」(ヘレニズム)，「はじまり」から「終わり」へと出来事が移行する「線分的な時間」(ヘブライズム)，そして最後に明確な始点・終点がなく連続的に移行してゆく「直線的な時間」(近代社会) である (図 2-2)。真木の研究からは，「時間」が人々の「出来事」のとらえ方と不可分な関係にあるという視点を導き出すことができる。

　真木の議論では 4 つの時間の理念系が相互排他的なものとして区別されているが，天体の動きを追う天文学の分野では，出来事がいくつかの異なる時間の流れをもった要素の組み合わせであると理解されてきた。この天文学のアイデアをもとに経済学者のウォーレン・パーソンズ (Warren M. Persons 1919) は，時系列経済データを，「傾向変動」(長期的なトレンド)，「循環変

動」（1年以上のサイクルをもつ変動），「季節変動」（1年以内のサイクルを持つ変動），「偶発変動」（上記3つの変動とは無関係なランダムな変動）の4つに分解できるものとして提示した（Kirchgässner and Wolters 2007, 3）。ここでは出来事は複数の生成プロセス（メカニズム）の合成であるととらえられている。

　複数の異なるメカニズムが合流して出来事を形成するという視点は政治学にもみられる。ポール・ピアソン（Paul Pierson）は，順序やタイミングは極めて重要であると主張する。たとえば，大恐慌の時点で政権が左派か右派か，工業化と民主化がどのようなタイミングで進行するのか。「別の時点では別々に進んでいるはずのふたつの過程がある時点では同時進行することは重要な帰結のちがいを生じさせる」（ピアソン 2010, 15）という。第7章（小野一）では，ドイツにおける政党政治の自明性喪失という中長期的なトレンドと，福島原発事故という突発・偶発的な事故とが融合して，ドイツ・メルケル政権が脱原発政策に舵を切った過程が描かれている。

　ここまでは単数であれ複数であれ，一貫した出来事の生成メカニズムがあることを前提としてきた。しかし，歴史的研究としてむしろ多いのは，出来事の生成メカニズム自体が変化すること，すなわち構造変動に関する視点をもった研究である。たとえば日本の反原発運動の政治過程を追った本田宏は，社会運動側が既存の原発推進体制に挑戦し，それに対して推進勢力の側が新たな対応策を打ち出すまでのサイクルを一区切りとして時代を区分し，それぞれの時代区分内でのエネルギー情勢や世論，運動戦術の変化などを扱っている（本田 2005）。本田の研究においては，大枠としてはサイクルを一連の出来事の「時間」として設定しつつ，その内部では一定の出来事の生成メカニズムが働くという形で，入れ子構造で出来事としての時間が扱われている。

　ここまでの議論をまとめるならば，しばしば社会科学においてみられる時間の流れに関するモデルは，図2-3のように要約できるだろう。大きな分類として，一貫した出来事の生成メカニズムが見出される時間区分を構造とする。そしてそのひとつの構造のなかにおいて，見出される出来事の生成過

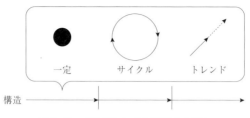

図2-3　出来事としての時間のモデル
出典：筆者作成。

程は終始変わらないか（一定），循環性をもつものなのか（サイクル），もしくは蓄積や一定の変化や蓄積をもたらすもの（トレンド）として区分けされる。見出される出来事は，単一のメカニズムによって生成されたものかもしれないし，複数のメカニズムが合成されたものかもしれない。

（2）　時間のズレ

　ここからは最後の論点である時間のズレについて議論したい。すなわち，第2節で議論した「政策」―「社会」―「生態／生体」で流れる出来事としての「時間」は，その時間幅もモデルもちがっており，ズレが生じやすいという点である。

　「政策」と「社会」の時間のズレに関して，最もよく議論される事例は経路依存である。たとえば，財政状況や就労人口の「トレンド」は政策に不適合な状況にむかっているが，「制度」そのものは「一定」のまま維持され続けるといった場合に経路依存現象がみられる。公的制度では，しばしば変更コストの増大や，制度によって既得権益が生み出され，それを守ろうとする勢力が政治権力をつけることなどによって「自己強化過程」（ピアソン 2010，27）が起こるからだ。

　経路依存の問題のほかにも，社会現象のなかには非常に緩慢に推移したり，閾値に達しなかったり，変化を求める動きが妨害されたりすることによって，「政策」と「社会」にズレが起こることがある（ピアソン 2010，103-133）。た

とえば社会問題に対する政策介入がすぐに成果をもたらすとは限らない。社会格差が拡大していたとしても、その社会現象が広く認識されなかったり、格差解消を求める市民を代表する政治家が選出されなければ、それが政策には結びつかない。

「生態／生体」と「政策」のあいだにはさらに大きな時間的ズレが生まれやすい。例として、フロンガスの排出規制を決めたモントリオール議定書は1987年に採択されたが、各国による対策を受けてオゾン層が回復するのは2050年以降であるとされており、およそ70年の開きがある。その間、解決策はとっているにもかかわらず被害を受けつづけるという状況が引き起こされる。時間のズレがもっと個別的かつ曖昧な形で現れる事例もある。放射能の身体への影響が実際に見出されるのは数年後かもしれないし数十年後かもしれない。不確実でかつ緩慢に移行する「生態／生体」の変化を、「政策」に翻訳する作業はつねに困難がともなう。

このように、この時間的なズレが政策変化を阻害する一方で、政策変化を生み出すエネルギーの根源となるともいえる場合もある。公害によって傷つけられた身体は、たとえ汚染物質の排出がなくなっても、汚染を受けていたときと変わることがない。「生態」における汚染物質量は減少へとトレンドがむかっていたとしても、「生体」としての痛みの時間は定常のままだ。それを解決してほしいというニーズは存在し続ける。

第3節で扱った「生態／生体」の認知的側面に関する議論は、「時間」に関する認知的側面と組み合わせることによって、より重層的な分析を展開することができる。第5章（伊藤康）を事例にみていこう。スウェーデンでは、国民投票の結果、2010年までに原子力発電を廃止する決定がなされたにもかかわらず、実際の廃炉は2基にとどまった。その要因として伊藤は、石油依存低下という政治課題から家庭用暖房分野において石油から電力への代替が起こり原発への依存度を強めたこと、また地球温暖化問題への対応の必要性から、天然ガス発電への転換が事実上不可能になったことを挙げている。長

期の時間幅をもった放射性廃棄物のリスクよりも，より喫緊の課題であると知覚された石油依存や地球温暖化（第5章で描かれるように当時はその被害がより直近のものとして認識された）のリスクの方が強く認識された。

　ここから読み取れるのは，認識される環境リスクの時間のちがいが政治的アジェンダを左右してしまうことだ。その際，政策選好が時間意識と分かちがたく結びついていることは重要である。どの程度の時間幅を考えるのか，技術の発展傾向をどのようにとらえるのか，どのような時間幅のリスクを視野に収めるのか，生態／生体で流れる「普通」の時間モデルをどのようにイメージするのか，それぞれによって政策選好は異なってくる。個々の時間意識のちがいは，政策選好のちがいとして顕在化するのである。

5　「時間」のモデル化で拓かれる地平

　ここまでみてきたように「環境政策」を，「時間」をモデルに組み込んだ形で研究することで，さまざまな新たな論点が拓けてくる（第2節）。本章ではこのうち，「政策」―「社会」―「生態／生体」間で流れる時間の「ズレ」という論点にとくに注目して議論を行った。

　ここでいう「政策」とは，「統治者／統治機構がやる／やらないと決定したこと」，「社会」とは政治・社会・経済・文化など人々の行為から導かれる関係性の次元，これに対して「生態／生体」とは環境や人々の身体といったモノの次元である（第3節(1)）。環境政策をめぐって展開しているのは，この3つの層の絶えざるインプット・フィードバックである（第3節(3)）。

　そのようにとらえるならば，この3つの層のインプット・フィードバックには時間的なズレがつきまとうことが，重要な論点を提起する。ここでは「時間」の理念系として「一定」「サイクル」「トレンド」の3つを区別し，その背後では単一のもしくは複数の出来事の生成メカニズムが想定されることを論じた（第4節(1)）。そのうえで，各層で流れる「時間」の理念系や時

間幅は一様ではないこと，そしてむしろその「ズレ」こそが政策変化を阻害すると同時に，重要なエネルギー源ともなることを指摘した（第4節(2)）。

なおここでいう物質的次元である「生態／生体」および「時間」を，認識論的にとらえることは重要である。それぞれのアクターは「生態／生体」「時間」を異なった形で認識しており，それらが異なる行為を導く源泉となる（第3節(3)・第4節(2)）。

本章は，時間的ズレという論点を設定することによって，アクターの行動やその政策変化のエネルギー源に関する新たな分析視角を得られることを主張した。

なお本章では，経験的研究のための分析視角としての側面から「時間」のズレを扱った。しかし時間的ズレの文脈でこれまで最も議論されてきたのは，現在世代の決定が未来世代の運命を左右する絶対的な不平等性をもっているという倫理的側面である（足立 2009, 70-71）。実証研究としての分析視角という観点から時間的ズレを述べる本章の議論と接合するならば，現在世代と未来世代との時間的ズレを，現在存在する三層モデルのなかにどのように入れ込むのか。未来世代との時間的ズレという側面を入れ込むことは可能かといった論点が残る。環境政策に「時間」を入れ込む視点としての「環境政策史」は，このように，最終的には実証研究，規範的研究双方に新たな地平を拓いているといえるだろう。

* 本章の執筆にあたり，大和田悠太（一橋大学），板倉有紀（日本学術振興会），小杉亮子（京都大学），中川恵（山形県立米沢女子短期大学），長谷川公一（東北大学）の各氏から草稿段階の原稿に貴重なコメントをいただいた。記して感謝したい。なお本章の記述内容に関する一切の責任は筆者にある。本章は特別研究員奨励費（課題番号：15J03089「気候変動政策の政治システム——情報・政策決定・執行過程の日独比較研究」2015-2017年度）の研究成果の一部である。

注
（1） 既存の歴史的視点を含む環境政策研究の包括的なレビューは喜多川（2015, 157-

185)を参照。
（2） 2015年11月7日環境政策史研究会シンポジウム「環境研究をひらく――着想・出版・伸展」（於：法政大学）における発言による。
（3） なお，ここでこの循環過程を一国内での政治に限定して考える必要はない。環境政策は，自治体レベル，国内議会レベル，さらに国際政治レベルで相互に浸透しあっている。
（4） これはフェルナン・ブローデル（Fernand Braudel）の用語法では「局面」（conjuncture）に相当する。ブローデルは個々の出来事を越えた歴史的視点として，数十年単位の「局面」と，数百年単位の「長期持続」（Congue durée）を区別した（Braudel 1958）。
（5） 国土交通省気象庁「地球温暖化とオゾン層の回復」（http://www.data.jma.go.jp/gmd/env/ozonehp/4-10ozone_global_warming.html, 2015年12月16日閲覧）。

参考文献
足立幸男（2009）『公共政策学とは何か』ミネルヴァ書房。
飯島伸子（2000）『環境問題の社会史』有斐閣。
宇井純（1988）『公害原論――合本』亜紀書房。
及川敬貴（2010）『生物多様性というロジック――環境法の静かな革命』勁草書房。
喜多川進（2013）「環境政策史研究の動向と可能性」『環境経済・政策研究』6(1)：75-97。
――――（2015）『環境政策史論――ドイツ容器包装廃棄物政策の展開』勁草書房。
キング，ゲイリー，ロバート・O・コヘイン，シドニー・ヴァーバ（2004）真渕勝監訳『社会科学のリサーチ・デザイン――定性的研究における科学的推論』勁草書房（King, Gary, Robert O. Keohane and Sidney Verba, *Designing Social Inquiry: Scientific Inference in Qualitative Research*, Princeton: Princeton University Press, 1994）。
佐藤仁（2014）「環境統治の時代――アジアにおける天然資源管理と国家・社会関係」『学術の動向』19: 74-77。
篠原一（1962）『現代の政治力学――比較現代史的考察』みすず書房。
シュラーズ，ミランダ・A.（2007）長尾伸一・長岡延孝監訳『地球環境問題の比較政治学――日本・ドイツ・アメリカ』岩波書店（Schreurs, Miranda A., *Environmental Politics in Japan, Germany, and the United States*, Cambridge and New York: Cambridge University Press, 2002）。
ジョージ，アレクサンダー・L.，アンドリュー・ベネット（2013）泉川泰博訳『社会科学のケース・スタディ――理論形成のための定性的手法』勁草書房（George, Alexander L. and Andrew Bennett, *Case Studies and Theory Development in the Social Sciences*, Cambridge, MA: The MIT Press, 2005）。
神野直彦（2002）『財政学』有斐閣。
スコッチポル，シーダ編（1995）小田中直樹訳『歴史社会学の構想と戦略』木鐸社（Skocpol, Theda (ed.), *Vision and Method in Historical Sociology*, Cambridge, UK: Cam-

bridge University Press, 1984)。

ピアソン，ポール（2010）粕谷祐子監訳『ポリティクス・イン・タイム――歴史・制度・社会分析』勁草書房（Pierson, Paul, *Politics in Time: History, Institutions, and Social Analysis*, Princeton: Princeton University Press, 2004）。

ブレイディ，ヘンリー・E.，デイビッド・コリアー（2008）泉川泰博・宮下明聡訳『社会科学の方法論争――多様な分析道具と共通の基準』勁草書房（Henry E. Brady, David Collier, *Rethinking Social Inquiry: Diverse Tools, Shared Standards*, Lanham, MD: Rowman & Littlefield, 2004）。

本田宏（2005）『脱原子力の運動と政治――日本のエネルギー政策の転換は可能か』北海道大学図書刊行会。

真木悠介（2012）『定本 真木悠介著作集Ⅱ 時間の比較社会学』岩波書店。

丸山康司（2005）「環境創造における社会のダイナミズム――風力発電事業へのアクターネットワーク理論の適用」『環境社会学研究』（11）：131-144。

宮本憲一（1987）『日本の環境政策』大月書店。

村上泰亮・公文俊平・佐藤誠三郎（1979）『文明としてのイエ社会』中央公論社。

Braudel, Fernand (1958) "Histoire et Sciences sociales: La longue durée", *Ananales: Economies, Societes, Civilisations*, 4: 725-753（山上浩嗣・浜名優美訳「長期持続」浜名優美監訳『叢書「アナール 1929-2010」――歴史の方法と対象Ⅲ』藤原書店，2013年：35-78）。

Carr, Edward H. (1962) *What is History*, London: Macmillan & Co. Ltd.（清水幾太郎訳（1962）『歴史とは何か』岩波書店）。

Catton, W. R. and R. E. Dunlap (1980) "A New Ecological Paradigm for Post-Exuberant Sociology", *American Behavioral Scientist*, 24(1): 15-47.

Dunlap, Riley E. (2015) "Environmental Sociology", in James D. Wright (ed.) *International Encyclopedia of the Social & Behavioral Sciences*, Vol. 7, Waltham, MA: Elsevier, 796-803.

Dye, Thomas R (2005) *Understanding Public Policy, 11th ed.*, Upper Saddle River, N. J.: Pearson Prentice Hall.

Hajer, Maarten A. (1993) "Discourse Coalitions and the Institutionalization of Practice: The Case of Acid Rain in Britain", in Frank Fischer and John Forester (eds.) *The Argumentative Turn in Policy Analysis and Planning*, Durham, N. C.: Duke University Press, 43-76.

Holifield, Ryan (2009) "Actor-Network Theory as a Critical Approach to Environmental Justice: A Case Against Synthesis with Urban Political Ecology", *Antipode*, 41(4): 637-658.

Jörgens, Helge (1996) "Die Institutionalisierung von Umweltpolitik im internationalen Vergleich", in Martin Jänicke (ed.) *Umweltpolitik der Industrieländer: Entwicklung, Bilanz, Erfolgsbedingungen*, Berlin: Edition Sigma, 59-111.

Katznelson, Ira (2001) "Policy History: Origins", in Neil J. Smelser and Paul B. Baltes (eds.) *International Encyclopedia of the Social & Behavioral Sciences*, Amsterdam, and Oxford: Elsevier, 11541-11547.

Kirchgässner, Gebhard, and Jürgen Wolters (2007) *Introduction to Modern Time Series Analysis*, Berlin: Springer.

Latour, Bruno (2005) *Reassembling the Social: An Introduction to Actor-Network-Theory*, Oxford and New York: Oxford University Press.

McCright, Aaron M., Riley E. Dunlap and Chenyang Xiao (2014) "The Impacts of Temperature Anomalies and Political Orientation on Perceived Winter Warming", *Nature Climate Change*, 4(12): 1077-1081.

Meadows, Donella H. et al. (1972) *The Limits to Growth: A Report for the Club of Rome's Project on the Predicament of Mankind*, New York: Universe Books (大来佐武郎監訳『成長の限界――ローマ・クラブ「人類の危機」レポート』ダイヤモンド社, 1972年).

Persons, Warren M. (1919) "Indices of Business Conditions", *Review of Economic Statistics*, 1: 5-107.

Ragin, Charles C. (1987) *The Comparative Method: Moving beyond Qualitative and Quantitative Strategies*, Berkeley: University of California Press.

Swyngedouw, Erik and Nikolas C. Heynen (2003) "Urban Political Ecology, Justice and the Politics of Scale", *Antipode*, 35(5): 898-918.

Tsuru, Shigeto (1999) *The Political Economy of the Environment: The Case of Japan*, London: Athlone Press.

第3章

1950年代英領東アフリカの農業開発とエコロジー
――植民地科学者からみた開発と環境――

水野　祥子

1　イギリス植民地における開発と環境

　途上国の多くは，時期のちがいこそあるものの，ヨーロッパ諸国による植民地支配をうけたという歴史をもつ。植民地政府は自然資源を効率的かつ長期的に開発するために近代科学に基づく資源管理制度を確立し，自然を管理する主体や方法を変え，それによって現地の生態環境や社会を大きく変容させた。この制度は独立後もおおむね引き継がれ，途上国の国家的開発プロジェクトに活用された。一方，第二次世界大戦後の国際社会では冷戦体制と脱植民地化という文脈のなかで途上国に対する開発援助が重要な課題となった。
　従来，開発理念の展開は次のように説明されてきた。1950～60年代の「開発」とは「経済成長」を意味し，そのためにはエリート主導で「遅れた」伝統社会を「近代化」（＝西洋化）することが不可欠であるととらえられた。しかし，1970年代までに「伝統から近代へ」という単線的な発展経路を想定した開発認識は，途上国をめぐる厳しい現実の前に再検討を迫られることになった（元田 2007, 32–45）。また，ローマ・クラブによって指摘された汚染や資源枯渇という問題は（メドウズほか 1972），自然に対する人間ないし技術の優越という近代的価値観を覆すことになった。こうして1970～80年代には「開発」政策と「環境」政策は相反するものというより両立すべきものとして議論されるようになり，途上国に対しても環境と調和のとれた開発計画の

支援が提唱されるようになったと考えられている。

　他方で，歴史研究においては，開発と環境の調和というパースペクティブは1970〜80年代よりももっと前に，ヨーロッパ諸国の植民地政策に見出せるという指摘がある。たとえば，19世紀以降，植民地における開発政策の立案と実施に不可欠な役割を果たした植民地科学者が土壌や水，植生などの資源を持続的かつ効率的に利用するための保全（conservation）思想や制度をつくりだしたが，これを今日の環境保護主義の起源のひとつと位置づける研究がある（Grove 1995; Barton 2002; Rajan 2006）。こうした研究をはじめ，近年では，植民地科学者の環境認識の変化が植民地開発のあり方をいかに規定したかが問われている。

　ここで，植民地科学に関する研究動向について簡単に整理したい。従来の研究では，植民地科学者（colonial scientist）[1]は，ヨーロッパ近代科学の有効性は普遍的であり，現地の知識に優越するという前提のもとで開発計画を立て，現地の生態環境と社会に強制したととらえられてきた。さらに，かれらが確立した資源の管理・保全制度とは，歳入を最大限にしようとする植民地当局の意向に沿ったものであり，現地住民の締め出しと資源の占有を目的としたものと批判されてきた（Guha 1989; Gadgil and Guha 1992）。

　しかし，多くの実証研究が蓄積されにつれ，科学と権力との結びつきという側面を強調する研究（ヘッドリク 1989; Fairhead and Leach 1996; Scott 1998）が，植民地科学の特質や科学と帝国主義の関係を分析する枠組みを画一化，固定化してきたことに対して，疑問が投げかけられるようになった（Beinart and Hughes 2007）。植民地を支配する側とされる側に二分し，植民地政府と現地社会をそれぞれ一枚岩であるかのような前提のもとで両者の関係を対立的にみるアプローチの限界が指摘され，それぞれの内部の多様性や変化，また，両者の複雑で動態的な相互作用が注目されるようになっている（Beinart et al. 2011）。

　とくに，植民地科学者が現地の生態環境やそれを利用する現地住民と遭遇

することによって，いかに新しい知や制度が生み出されたかという点に多くの関心が寄せられている（Harrison 2005）。たとえば，英領アフリカの開発に植民地科学者の果たした役割を考察したジョゼフ・M・ホッジ（Joseph M. Hodge 2007; 2011）とヘレン・ティリー（Helen Tilley 2011）の研究によれば，植民地の未知なる自然は科学によって改良し得るという19世紀の楽観的，進歩主義的な見方が1930年代までに根本的に修正され，熱帯環境の複雑性と脆弱性が認識されるようになり，「エコロジカルな開発」，すなわち，生態環境の原理に基づく開発が提唱されるようになった。また，現地農法がそうした生態環境に適合する方法だと「発見」する科学者も出てきた。こうしたことから従来の農業開発の方針が見直されるようになったという。

　第二次世界大戦後，イギリスの植民地政策が大きく転換するなかで，アフリカ各地ではさまざまな農業開発計画が実施された。なかには，再定住，農業，牧畜，灌漑，ダム建設などをひとまとめにした大規模な農業開発計画がみられるようになった。また，戦後に新しく雇用された科学者／官僚の開発概念は大戦間期のそれとは異なり，化学肥料の導入や農業の機械化による農業の近代化を積極的に推進しようとしたという指摘もある（Bonneuil 2001）。スヴェン・スピーク（Sven Speek 2014）やアンドリュー・ボウマン（Andrew Bowman 2011）は北ローデシアの農業開発に関する研究で，1930年代に顕著になった「エコロジカルな開発」を提唱する科学者が，大戦後には植民地省や植民地政府から疎んじられ，影響力を失ったと論じる。他方，ティリーやホッジは大戦後もこれを支持する科学者もいたと指摘し，かれらが1970〜80年代における途上国の農業開発へ与えた影響を示唆するが，論証は断片的である（Tilley 2011; Hodge 2011）。植民地末期という激動の時代に植民地科学者の開発アプローチの何が変化し，何が連続するのかを明らかにするためには，さらなる実証研究が必要である。

　そこで，本章では，おもに1950年代の英領東アフリカの農業開発計画をめぐる議論を分析し，植民地科学者の開発思想およびアプローチの特徴を明ら

かにするよう試みる。まず，第二次世界大戦前後のイギリス帝国における開発と科学をとりまく状況の変化を概観する。つぎに，アフリカ開発の要となる研究機関として最も重視されていた東アフリカ農業林業研究機関（East African Agricultural and Forestry Research Organization: EAAFRO）でいかなる研究が行われていたかを分析し，エコロジカルなファクターが開発計画においていかに位置づけられたのかを考察する。さらに，植民地科学者がネットワークを通じてアフリカ各地の農業開発の経験を蓄積することにより，いかなる認識が共有されるようになったのかを検証する。最後に，かれらの提唱する植民地開発と植民地省や植民地政府の方針との相違点について考える。

2　第二次世界大戦前後のイギリス帝国における開発と科学

（1）　植民地開発と科学の役割

19世紀後半からイギリスの熱帯植民地では自然資源を開発するための試みが制度化されはじめたが，そこで中心的な役割を担ったのは植民地科学者であった(2)。大戦間期になると，効率的な資源管理制度の確立が植民地開発政策の根幹に位置づけられるようになり，各植民地において技術専門部局の規模が拡大した。これらの部局に雇用される植民地科学者の需要増に応えて，専門家を育成するために，また，組織的な研究や調査を推進するために，本国と植民地の双方で科学研究・教育機関の新設や拡充が相次いだ（水野 2009）。

さらに，植民地の開発政策と科学制度の発展を強く結びつけたのは，植民地省であった。1929年以降，農業と家畜衛生に関する植民地諮問協議会（Colonial Advisory Council on Agriculture and Animal Health: CAC）をはじめ，植民地省内に各分野の専門家による諮問機関が設置されるようになったのである。こうした開発イニシアティブは世界恐慌にともなう植民地財政の悪化によって一時的に弱まった。しかし，30年代後半にはカリブ海域やアフリカ各地で失業や低賃金に抗議するストライキが起こり，イギリスの植民地体制は

「怠慢」,「搾取」であるという国内外からの批判にさらされることになった。

　こうした批判に応える形でイギリス政府は，1940年に植民地開発福祉法（Colonial Development and Welfare Act）を成立させた。植民地の「開発」と現地住民の「福祉」という概念を初めて結びつけたこの法によって，輸出振興型の経済開発に加え，現地住民の生活水準を向上させるために保険医療，教育，水・土壌保全など即座に収益をもたらさない社会開発にもイギリスの公的資金が投入されるようになった。しかも，熱帯植民地の開発に割り当てられる基金の額が大幅に増加し，研究費を含めて年間550万ポンドが上限となった。これは，1929年に成立した植民地開発法によって割り当てられた年間予算100万ポンドから大きく増額されたことになる。さらに，1945年には植民地開発福祉法が改正され，1946から55年の10年間で総額1億2000万ポンドの援助供与を行うと決定され，研究費も年間50万ポンドから100万ポンドに増額された。こうした動きは基本的に独立採算と間接統治を旨としてきた植民地政策の大幅な転換を意味するものであり（峯 2009），開発のための介入を強化するものとして，「第二次植民地占領（Second Colonial Occupation）」と呼ばれた（Low and Lonsdale 1976）。

　イギリス植民地政策の転換の背景には，第1に，戦後の国際収支の危機的状況があり，イギリスは輸出による外貨（ドル）獲得のため，植民地の一次産品の開発をいっそう進める必要があった。1947年にインド，パキスタンが独立し，翌年にはビルマ，セイロンが続いたことで，残された植民地——マラヤやアフリカ諸国——の資源開発に全面的にコミットすることが求められるようになったのである（図3-1参照）。第2に，反植民地主義に基づく各地のナショナリズムの高まりがあった。イギリスは，マラヤやキプロス，ケニアでは非常事態宣言を発令して急進的なナショナリズムを武力で抑える一方，経済開発と福祉を通じて穏健派ナショナリストとの協調路線を模索した（北川 2009）。さらに，国連をはじめとする国際的な反植民地主義に対しても，イギリスの植民地開発政策が現地住民の生活水準の向上に貢献していること

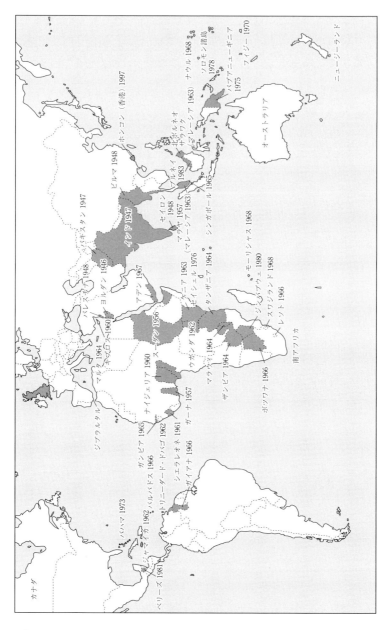

図3−1 植民地の独立

出典：北川勝彦編（2009）『脱植民地とイギリス帝国』ミネルヴァ書房より（原図は Stockwell, S. (ed.) (2008) *The British Empire: Themes and Perspectives*, Wiley-Blackwell, Malden）。

を示し，植民地保有の正当性を訴える必要性が出てきたのである（半澤 2014）。

こうした状況において，より効率的かつ持続的な開発計画を立案し，実施するために植民地科学者が果たす役割はますます重大なものと考えられるようになった。植民地の専門部局に雇用される人数が急増するとともに（Hodge 2007, 205），本国の植民地省内には1942年，植民地研究委員会（Colonial Research Committee, 1948年に Colonial Research Council へ改称：CRC）をはじめ，各分野の研究委員会が植民地開発の諮問機関として続々と設置された（Hodge 2007, 9-11）。サビーヌ・クラーク（Sabine Clarke 2007）によれば，1940〜60年にかつてないほど科学者の意向が植民地開発計画に反映されるようになり，基礎研究のために多額の研究費が割り当てられるようになったという。この契機となったのは，サー・マルコム・ヘイリー（Sir Malcolm Hailey，のち Lord Hailey）によって指揮された「アフリカ研究調査」だと指摘されている。以下の部分では，この一大プロジェクトによって何が課題と認識され，その後のアフリカ開発の方向性がいかに決定づけられたかをみていこう。

（2）アフリカ研究調査

1933年，サハラ以南アフリカの人と自然を対象とした初の包括的な研究調査プロジェクトがカーネギー財団の資金援助（7万5000ドル）を受けて開始され，責任者にインド・パンジャーブ州と連合州の総督を歴任したヘイリーが指名された。その5年におよぶ活動の成果は，全体で3000ページ以上に及ぶ3つの政府刊行物にまとめられた（Hailey 1938; Worthington 1938; Frankel 1938）。そのうちのひとつ，*Science in Africa*（『アフリカの科学』）は，このプロジェクトの科学分野の顧問として招かれたE・B・ワージントン（E. B. Worthington）によってまとめられた。彼はアフリカにおける科学諸分野の研究の現状を把握するために10年分の *Nature* を読んで先行研究を整理し，本

国の研究機関および各植民地の専門部局の科学者200名以上にインタビューを行った（Worthington 1938, 615-25）。こうして *Science in Africa* は1930年代のアフリカに関する科学研究の成果を領域横断的に概観するとともに，今後のアフリカ開発に必要な科学研究の役割を提言する書物となった。

　ワージントンは，従来の農業開発計画の失敗の要因として，アフリカの状況に対する包括的な理解の不足と科学研究の軽視を挙げた。たとえば，熱帯の土壌は温帯のそれとは大きく異なるため，イギリスで得られた知識をそのままアフリカには適用できないと指摘し，土壌や生態環境の地図の作製を提言した。こうした基礎研究は時間と資金を必要とするために行政当局から敬遠されてきたが，アフリカ開発を成功に導く計画を練るためには必要であり，各植民地の専門部局から独立した研究機関の設立が望ましいと主張した（Worthington 1938, 15-24）。

　一方，ヘイリーは1938年と1939年に植民地担当大臣マルコム・マクドナルド（Malcom MacDonald）と会談し，アフリカ開発のための十分な研究費と，その使途を監督する科学者の組織の設立を提言した。これが，前述のとおり，1940年の植民地開発福祉法による年間50万ポンドの研究費と，1942年のCRCの設置という形で実現したのである。基礎研究によってこそ効率的で効果的な開発に不可欠なデータが得られるのだとするヘイリーとワージントンの主張は植民地省にも共有されるようになり，ヘイリーはCRCの委員長に，ワージントンは科学担当官に任命された（Clarke 2007, 463-465）。

　こうして，帝国内の既存の研究センターの拡張と研究所の新設に植民地開発福祉法による研究費が投入されることになった。なかでも，その大半はアフリカの植民地にむけられており，とくに東アフリカ地域（ケニア，ウガンダ，タンガニイカ，ザンジバル）に投入された研究費は帝国全体の総額の39％を占めていた。この背景には，CRCの科学担当官を務めたワージントンの意向があったと考えられる。[3] 研究分野に関していえば，農業，畜産，林業が研究費で最も多く，36％を占めていた。これは，イギリス植民地における経済活

動にこれらの分野が最も重要と位置づけられていたことを反映していた（Clarke 2007, 471）。

3　EAAFROにみる開発アプローチ

（1）　EAAFROの設立

　ケニア，ウガンダ，タンガニイカの総督は大戦間期から定期的に会議を開き，原住民政策や運輸・通信，土地・労働問題に関して領土横断的な協力体制をとりはじめた。この動きは，1948年の東アフリカ高等弁務府（East Africa High Commission）の設立につながった。高等弁務府は東アフリカ地域内の関税，消費税，所得税の徴収事務を行い，さらに，統計・調査などの業務を行うようになった。戦後の農村開発に関して，ケニア総督サー・フィリップ・ミッチェル（Sir Philip Mitchell）やウガンダ総督サー・ジョン・ホール（Sir John Hall）は，東アフリカ地域が共有する問題の深刻さに強い危機感を示していた。とくに，人口の増加に見合うだけの生産量の増加を達成しなければ，同地域の経済的な基盤を確保することができず，生活水準の上昇が見込めないことを強調した（Worthington n.d.［1952］, 5）。

　こうした指摘に対し，東アフリカ高等弁務府の科学担当官の任にあったワージントンは，東アフリカ地域の開発計画案を提出し，同地域の領土横断的な研究組織の必要性と，その発展のための枠組みを示した。というのも，ワージントンら科学者の多くは，土壌侵食や疫病，病虫害といったアフリカ開発の障害となる諸問題は政治的な境界を越えるものだと指摘し，地域研究の有効性と，それを可能にするための政府間の協力体制の推進を求めたからである。この方針は植民地省にも承認されており，植民地開発福祉法による研究費によってアフリカに設立された研究機関の多くは地域ベースで活動していた。また，彼は各植民地の専門部局間の縄張り意識や主導権争いを回避するために，独立した研究組織を設立する必要があると主張した。

こうして，東アフリカ地域に諸分野の研究組織が設立されたが，なかでもEAAFROは，東アフリカ獣医学研究機関（East African Veterinary Research Organisation: EAVRO）と並び，植民地開発福祉研究費から最大の資金を投入された研究組織であった。1947年，EAAFROは，タンガニイカ・アマニにあった東アフリカ農業研究所（East African Agricultural Research Institute: EAARI）のスタッフを吸収し，発展させる形で，東アフリカ高等弁務府の管轄の下に設立された。本部と研究所はケニア・ナイロビ近郊のムガガにおかれ，1952年の段階で研究員は35名が在職しており，加えてアシスタントや野外調査のスタッフ，行政職など24名が勤務していた。植民地開発福祉研究費から本部や設備などの資本コストの全額と経常コストの半分が支払われた。残りの半分の経常コストについては，ケニア，タンガニイカ，ウガンダ政府が等分し，ザンジバル政府も少額を負担した（Keen n.d.［1951］, 3-4）。植民地開発福祉研究費からは61年までに総額82万1109ポンドが支払われた（Clarke 2007, 471-474）。

　EAAFROの目的とは，農業と林業にかかわる諸科学の基礎研究であり，新たな知見を東アフリカの多様な環境のもとで検証し，最終的にはそれを実践に移すための指針を示すことであった。本節では年次報告書（*Annual Report: AR*）の分析をとおして，アフリカの植民地科学者の開発アプローチの特徴を明らかにする。1930年代までにかれらの開発と環境に対する認識を変化させたのは，生態学の発展であった。生態環境を構成する人間，動植物，無生物を相互に関連するファクターとして総体的にとらえる視角をもつ生態学は，さまざまな科学分野を横断し，それぞれの手法や研究成果を統合する「メタ科学」として機能した（図3-2）。そのため，多様な要因が複雑に関連しあう複合的な問題を分析し，対処するのに効果的なアプローチとして，植民地開発に適用されたのである。

　しかし，熱帯の生態環境は温帯のそれと異なり，いまだ解明されない部分が多く残されたままであった。アフリカ植民地の科学者は，従来の農業開発

第3章　1950年代英領東アフリカの農業開発とエコロジー

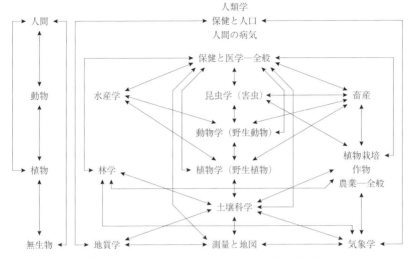

図3-2　ワージントンのエコロジカル・ダイアグラム
注：図はE.B. Worthington, *Science in Africa* でとりあげられた主題間の関係を示す。
出典：Worthington（1938, 2）より筆者作成。

の失敗の要因は現地の生態環境の特徴を把握しないままヨーロッパやアメリカで得られた研究結果を応用したことにあるとし，基礎研究の必要性を強調した。こうした問題意識から，EAAFROでは1950年から植民地開発福祉研究費を受給して，エコロジカル・トレーニングという計画が始まった。また，土壌は生態環境のバランスをとるための要と考えられており，翌年，土壌調査（soil survey）が研究部門のひとつにおかれた。以下ではこのふたつに焦点を当て，開発とエコロジーがいかに結びついていたかを考察する。さらに，土壌に関するもうひとつの主要な実験として，化学肥料に対する反応についてもみていく。

（2）エコロジカル・トレーニング計画

　エコロジカル・トレーニング計画は，1950～56年のあいだ，植民地開発福祉研究費の支給を受けて行われ，57年からはEAAFROのエコロジー部門に

51

引き継がれた。この計画の主要な目的とは，東アフリカ各地における現地調査を通じて，植民地で生態環境や土地利用の調査に従事することができる人材を育成することであった。トレーニングの候補者はイギリスの大学の新卒者か，あるいは植民地の専門部局のなかから選抜された。同時に，この人材育成と並行して，東アフリカ内で現地調査を行い，気候，土壌，自然植生と人的要素の影響などの調査と分類を行い，最終的には東アフリカ生態環境地図の作成につなげることも，計画の重要な目的であった。また，生態環境の分類結果は速やかに土地利用調査に適用され，さらには将来的な土地資源の開発計画にも利用されることが求められた（AR 1951, 85）。現地調査には，EAAFRO の土壌調査部門と，各植民地の農務局，森林局などとの協力が不可欠であった（AR 1950, 55）。とくに，東アフリカ各地で行う長期の事前調査（reconnaissance tour）には，現場の植民地科学者との共同作業が重要な意味をもった。対象地域は現地と EAAFRO 双方のニーズによっても決められた（AR 1951, 85-87）。たとえば，ウガンダ農務局の将来的な土地利用研究の基礎を準備したいという要請に応えて，1952～53年に西ウガンダレイルリンクの拡張予定地域としてミティアナ（Mityana）とエドワード湖間の植生調査を行い，将来的に農業そのほかの開発のベースとなる情報を提供した（AR 1952, 15-16）。

　エコロジカル・トレーニング計画の責任者は，C・G・トラップネル（C. G. Trapnell）という人物であった。彼は，イギリスで生態学を確立させた A・G・タンズリー（A. G. Tansley）の弟子で，大戦間期に生態学者として北ローデシアで雇用された。現地調査をひじょうに重視し，1932～43年のあいだ，各地の地質，地形，土壌や植生の特徴ばかりでなく，現地の農法や作物の選択，歴史を聞き取り，調査した。こうした経験から，彼は土壌と植生の組み合わせによって土地を「ユニット」に分類する手法をうみだした。土壌の型と植生の型には相関関係があり，植生を注意深く調査すれば地力の程度を測ることができるというこの手法が，現地住民が特定の土壌に生息する木

や草の種類によって土地を選別する慣習的な方法に依拠していたことは，注目すべきである（Smith 2001）。北ローデシアでの経験はエコロジカル・トレーニング計画でも活用され，ゾーニング（土地を土壌や降雨量によって決定される植物群落に基づいて，ゾーンに分け，それぞれのゾーンに適当な作物を決定する方法）は各地の開発計画へ活用された。

　エコロジカル・トレーニング計画に受け入れた訓練生の数は，1952～55年のあいだに計7名であり，多いとはいえない（AR 1955, 102）。しかし，毎年6月から11月にわたる乾季に数回に分けて行われた長期の現地調査では，各地の農務局や森林局，試験場の植民地科学者と共同で土壌や植生の調査を行っており，将来の開発を目的としたゾーニングの準備を行った。この調査に参加した人数は年間数十名もいたことを考えると，トラップネルの影響力は決して看過できない。実際，ゾーニングという手法は1950年代初めにケニア中央州（後にニャンザ）の農務官レズリー・H・ブラウン（Leslie H. Brown）が導入し，54年から始まったスウィナートン計画（小農による換金作物栽培促進計画）でも用いられた（Hodge 2011, 222）。エコロジカル・トレーニング計画をとおして，トラップネルの現地調査の手法と現地の知を活用したゾーニングが東アフリカに広がったことは，重要な意味をもつと考えられる。

（3）　土壌および土地利用調査

　ケニア農務局の上級土壌化学者G・H・ゲシン゠ジョーンズ（G. H. Gethin-Jones）が土壌調査部門の責任者に任命され，エコロジカル・トレーニング計画と同様に，各植民地の農務局と協力して年に数回の現地調査を行い，東アフリカ地域の土壌調査と土地利用調査を進めていった。

　土壌地図の作成にあたっては，EAARIのジェフリー・ミルン（Geoffrey Milne）が1930年代に作成した東アフリカ土壌地図が活用された。ミルンも現地調査を重視していた人物で，現地の土地利用に対するアプローチはトラップネルと極めてよく似ており，現地出身の農業技術指導者（agricultural instructor）を通じて現地で土壌がどう呼ばれ，区別されているか学び，土地の分類に活用した（Hodge 2007, 154-156）。

　こうした方法は戦後も引き継がれていた。たとえば，タンガニイカのウスクマ（Usukuma）では，現地住民が植生と土壌や立地条件を関連づけて土地を分類し，それぞれに名前をつけてきたこと（これはトラップネルの「ユニット」に相当するものであり，分類によって耕作方法や土地利用方法を変えた），現地の農務官がこの土地区分に依拠して土壌地図を作成し，アフリカ人農民の入植計画に利用していた。ゲシン＝ジョーンズも，より客観的なアプローチにする必要があるとしながらも，こうした土壌分類方法の有効性を認めている（*AR* 1953, 61-62）。

　以上のことから，EAAFRO の現地調査を必要とする部門，およびそれにかかわった各植民地の研究者，野外調査員（field officer）のあいだでは，現地のエコロジカルな原則が重視され，また，それに基づく住民の土地利用方法の合理性が認識されており，土地利用計画に活用されていた。つまり，1930年代にみられた「エコロジカルな開発」というアプローチは，EAAFRO と現場の接触をとおして大戦後も組織的に継続したと考えられるのである。

（4）　化学肥料の反応実験

　東アフリカでは大戦間期からおもにヨーロッパ人入植者のあいだで化学肥料が使用されはじめたが，戦後になるとケニア，タンガニイカ，ウガンダ，ザンジバルの農務局が野外実験場で肥料実験を始めるようになった。そのなかには農務局が管轄する農業試験場もあれば，ヨーロッパ人入植者の農場や，アフリカ人の農地もあった。EAAFRO は1948年から植民地開発福祉研究費を得て，ケニアの原住民居留地（Native Reserves）と白人が専有した農地「ホワイト・ハイランド（White Highland）」の双方を対象に肥料実験計画に着手した。これらの肥料実験は，小麦，トウモロコシ，ソルガム，落花生，綿花，サイザル麻，コーヒー，茶，除虫菊などの栽培にリン酸，窒素，カリ，

カルシウムなどの化学肥料や有機肥料，敷き藁（マルチ）を施し，反応を調べるというものであった（AR 1949, 35-38）。

1952年に植民地開発福祉研究費の支給が終わると，各地の野外肥料実験から得られた情報は翌年にEAAFRO本部で開催された地力に関する専門家委員会会議で報告された。ここで明らかになったのは，各実験場の結果は極めて変則的であり，断定的な結論を出すことはできないということであった。(4)
つまり，ある実験場で生産性が上がった作物と肥料の組合せが，別の場所ではまったく異なる結果を出し，それが土壌によるものか，天候によって，またはそれ以外のファクターによって決まるものか判断できなかった。会議にはEAAFROや各地の農務局などから30人の専門家が出席したが，かれらが共有していたのは，熱帯の土壌がいかに温帯のそれと異なり，未知の部分が多いかという意見であった。そのため，肥料実験の目的は短期間で生産量を上げる方法をみつけるというよりも，肥料に対する土壌の反応に関する情報を集めるという基礎研究の一環であると理解されていた。

より興味深いのは，EAAFROの化学肥料計画の責任者L・R・ダウティ（L. R. Doughty）やケニア農務局のE・ベリス（E. Bellis）など，有機肥料の方が生産性の向上に役立ったという意見が多くみられたことである。とくに有機肥料の残留効果については科学的に説明できないとしながらも高く評価されており，堆肥，緑肥と化学肥料の併用が提言された。つまり，化学肥料だけではコストに見合うだけの生産増は見込めないというのが，かれらの暫定的な結論であった。

その後も各地で肥料実験は続けられたが，リン酸のような鉱物肥料は熱帯の土壌では固定化しにくいため，適当な肥料を施しても改善がみられないかもしれない（AR 1957, 26）など，化学肥料の効果を疑問視する声は少なくなく，他方で，有機肥料や腐葉土研究が重視されていた（AR 1956, 18）。

4　アフリカの農業開発とエコロジー

　植民地科学者は，自らの調査や実験の結果から得た知識や技術を雑誌や著作をとおして，あるいは専門家による会議上で交換し，共有した。かれらのネットワークが政治的境界を越えて開かれたものであり，国家や地域や帝国という枠組みを越えて情報が交換され，共有されたことはよく知られている（水野 2006）。本節では，EAAFRO の D・W・デュティエ（D. W. Duthie）が編集長を務めた *East African Agricultural Journal*，主要な植民地科学者の著作，さらにアフリカで開催された農業開発にかかわる国際会議を分析し，サハラ以南アフリカの開発計画に携わった植民地科学者が共有した開発思想とアプローチの特徴を明らかにするよう試みる。

　多くの植民地科学者が共有した開発目標とは，商品作物および食用作物の生産量の増加と地力の維持の両立であった。この目標を達成する鍵とみなされたのは熱帯の土壌や植生というエコロジカルなファクターであったが，「熱帯の土壌を温帯の観点から判断することは完全に誤りであることが明白になった」（Worthington 1958, 139-140）とワージントンが断言したように，植民地科学者は熱帯の特異性をしばしば強調した。また，ゲシン＝ジョーンズが「温帯で適当だとみなされた技術を東アフリカに導入する前に，徹底した実験が必要であるということが次第に認識されるようになってきた」（Gethin-Jones 1954, 105）と指摘したように，1950年代までに，適切な開発計画を準備するには，まず現地調査を行って，対象地域の生態環境に関する長期的調査，基礎研究が必要であるという意見が多くみられるようになった。同時に，現地の農法も分析する必要性が唱えられるようになった。たとえば，タンガニイカ農務局の J・R・P・ソーパー（J. R. P. Soper）は，新しい農法の導入について次のように主張した。

第3章　1950年代英領東アフリカの農業開発とエコロジー

自らの経験とまったく関連しない考えを受け入れるような農民などひとりもいないが，多くの農業普及員（extension officers）はしばしばそうなることを期待する。革命的な（revolutionary）方法は，ときには成功するかもしれないが，長期的には，改良（evolution）の方がより安全な方策である。アフリカ人農民は愚かではない。長いあいだ耕作に従事してきた年長者は貴重な経験を得てきたが，その経験は看過されるか，あざけりの対象になるばかりである。かれらの信条には現実離れしたものもあるが，確固たる事実に基づくものもあり，それらは決して無視できない。たとえばソンゲア県にはタバコを約20年間栽培しているアフリカ人農民がいる。政策の変更を考えるとき，かれらの経験から何も得ないのはばかげている（Soper 1956, 34）。

彼は，こうしたアフリカ人農民の経験知が集められて記録されてきた地域では，もっと積極的に利用すべきであるとし，記録がないところは，情報の収集を優先的に行うべきだと提言した。

このように，50年代にはアフリカ各地の現地調査からアフリカ人農民の土地利用方法に関する情報が集められつつあった。焼畑移動耕作に関するフィールドワークがすすめられたのもこの時期であった。なかでもベルギー人の農業経済学者ピエール・ド・シュリップ（Pierre De Schlippe）の著作は，焼畑移動耕作に関する初の本格的な実証研究として評価されている。彼は，40年代末から50年代初頭にヤンビオ（Yambio）試験農場（南スーダン）でアザンデ族の農法を詳細に調査した結果，かれらが植生から生態環境の情報を得て，それによって土地を分類し，栽培方法を選んでいることを証明した。さらにド・シュリップは，この地域の焼畑移動耕作は熱帯の厳しい生態環境に合わせた合理的で極めて妥当な農業システムであると結論づけた（De Schlippe 1956）。

また，1950年代末，ガーナ大学（ゴールド・コースト）のP・H・ナイ（P. H.

57

Nye）と D・J・グリーンランド（D. J. Greenland）は，前述のミルンやトラップネルの現地調査およびド・シュリップの調査の影響を受けて，ガーナ大学の保留林内で焼畑移動耕作に関する実験を行い，同様の結論に達している。

　重要なのは，熱帯アフリカで四半世紀のあいだ実験を行ってきたいまでも，焼畑移動耕作で用いられる自然の休閑システムより優れた主食の生産方法をこの森林地域に導入できなかったことである。……それ［焼畑移動耕作］は改良し得るであろう。ただし，そのプロセスのメカニズムが完全に理解されたならば（Nye and Greenland 1960, v）。

1950年代の植民地科学者の多くは，程度の差こそあれ，伝統的な現地農法の多くがエコロジカルな観点から合理的であることを「発見」しており，「浪費的」とみなされてきた多くの現地農法（とくに焼畑移動耕作）はある程度の地力を維持することに成功してきたとみなすようになった。しかしながら，かれらは焼畑移動耕作をそのまま残してよいとは考えていなかった。というのも，人口増加や，自給農業から換金作物栽培への変化という急激な社会・経済的変化が土地への圧力となって休閑期が短縮されており，地力の消耗や土壌侵食という問題が各地で報告されていたからである。多くの植民地科学者が共有した開発の方法とは，現地の状況に合わせた方法をみつけ，漸次的に改良するアプローチの模索であった。
　確かに，生産性を上げる手段として化学肥料に対する期待は高かったが，すでに述べたとおり EAAFRO の化学肥料実験ではその効果を実証できず，土壌によって反応が不確定であることが，科学者ネットワークを通じて広まった。たとえば，1954年ウガンダ・マケレレ大学で開催された東アフリカの食料生産の医学・農学・獣医学的要素に関する会議（Conference on the Medical, Agricultural and Veterinary Aspects of Food Production in East Africa）や，同年ベルギー領コンゴで開催された CSA/CCTA 主催の第2回全アフリカ

土壌会議 (Inter-African Soils Conference)，さらに1959年にフランス領ギニアで開催された第3回全アフリカ土壌会議においても，化学肥料実験の結果は多様であるという認識が共有され，有機肥料との併用が提言されていた。

　一方，農業の近代化のもうひとつの方法として注目された機械の導入についていえば，第二次世界大戦直後には，タンガニイカのグランドナッツ（落花生）計画のような大型機械を導入した大規模開発計画が着手された。しかし，当初から，現場を知る植民地科学者のあいだではその見通しの甘さが指摘されており，計画が数年遅れようと，予備計画という準備段階をふむべきことが主張されていた (Duthie 1949, 175-176)。計画が失敗してからは，予備計画の必要性を主張する根拠として植民地科学者にたびたび利用された (Worthington 1958, 26)。グランドナッツ計画で求められた急激な近代化は，すくなくとも科学者側からみれば，理想的ではなかったといえる。

　かれらは，機械が熱帯の脆弱な表土を破壊することをしばしば懸念していた。たとえば，ウガンダのエンテベで1955年に開催された農業の機械化に関する会議 (Conference on the Mechanisation of Agriculture) では，農業の機械化が土壌の保全と利用にいかなる影響を及ぼすかについて，引き続き議論するよう求められた。植民地科学者は，機械化についてかなり慎重な姿勢を示していたといえよう。以上のように，1950年代末の段階では，植民地科学者は新しい農業システムを模索中であり，確かな方法を発見するにはなお多くの実験が必要であったのである。

5　植民地開発における重層性

　本節では，植民地科学者の開発構想と政策担当者の構想の相違点を検証する。まず，1949年にナイジェリアで開催された英領アフリカ土地利用会議 (British African Land Utilization Conference) の概要および決議をみていこう。この会議には，本国とアフリカ植民地の開発政策に携わる政策担当者と専門

家,つまり,植民地省とその科学顧問,各植民地の農務局,森林局,家畜衛生局など関連当局,EAAFROなど研究機関の代表が参集した。ここで確認された開発の目標はふたつあり,ひとつは生産力の増加およびその結果としての住民の生活水準の向上と一次産品の輸出拡大であり,もうひとつは地力の維持であった。このふたつの両立という点では,政策担当者と植民地科学者の意見は一致していた(TNA, CO852/1225/5)。しかし,開発のアプローチ,つまり,計画の準備に要する時間とコストをめぐっては,両者のあいだに隔たりがあった。植民地省や植民地政府はより早く,劇的な生産増を期待して,機械化や化学肥料の導入に積極的である一方,時間とコストのかかる予備計画の必要性を軽視する傾向にあった。

　政策担当者と植民地科学者,さらに両者のパイプ役——各植民地の農務局長や植民地省内の専門家委員会——とのあいだでスタンスの差が浮き彫りになった事例のひとつに,先に述べた肥料実験への対応が挙げられる。植民地担当大臣の農務顧問サー・ジェフリー・クレイ(Sir Geoffrey Clay)は肥料実験の結果から断定的な結論が何ら導き出せなかったことを問題視し,1952年6月に開催された第42回植民地農業研究協議会(Colonial Agricultural Research Council: CARC)の会議を通じてEAAFROの所長サー・バーナード・キーン(Sir Bernard A. Keen)に熱帯の土壌の地力に関する問題点を詳細に報告し,EAAFROおよび各地の農務局の今後の対策について具体的な提言をするよう求めた。ケニアやウガンダの農務局長もこれに賛意を示した。この要請に対し,キーンは同年10月にEAAFRO活動方針の修正版を提出し,情報の追加と専門部局との協力体制の強化をアピールしたが(TNA, CO927/187/5),できるだけ早い「結果」を求める政策担当者と,基礎研究を重視する科学者,さらに両者のあいだで調整を求められる科学顧問,農務局長の温度差が明らかになった。

　1953年,ムガガで開催された東アフリカ農業・畜産・林業諮問委員会(East Africa Agricultural, Veterinary and Forestry Advisory Committee)の第4

第3章　1950年代英領東アフリカの農業開発とエコロジー

回会議では，植民地省とその専門家委員会，植民地政府と EAAFRO 代表者が一同に会した。その際に，植民地省内の専門家委員会である植民地農業・家畜衛生・林業研究委員会（Committee for Colonial Agricultural, Animal Health and Forestry Research: CCAAHFR）の代表として参加したサー・ウィリアム・スレイター（Sir William Slater）は，各植民地内の切迫する問題に，できるだけ早い解決方法をみつけることが求められる農務局の立場を代弁し，EAAFRO の研究が問題解決に有効だと確信させる必要があると指摘した。彼は，肥料実験の失敗に対する姿勢を両者の見解のちがいを示す一例であるとして，次のように提言した。

　EAAFRO はこれ［肥料実験の失敗］は熱帯の土壌に関する知識全般を深めるのに役立つため，意義があるというが，それでは植民地にとって重要な問題の解決策を示すことになっていない。もし EAAFRO 所長が東アフリカ各植民地の農務局長の支援を得たいのなら，後者こそ強調されるべきである（TNA, CO927/256）。

領土内の問題を直ちに解決する方法をみつけるべきとする植民地省と植民地政府は，EAAFRO の基礎研究を重視する姿勢に不信感を示し，準備計画に時間とコストをかけすぎていると批判した。一方，科学者の側からみれば，開発計画の準備段階で必要な資金と時間は決して十分なものではなかった。さらに，植民地政府は植民地省以上に短期間での商品作物の増産と輸出の拡大を求め，基礎研究には予算を出したくないという姿勢をより顕著に示した。ワージントンは，基礎研究が軽視される状況について次のような悲観的な見方を示した。

　政治的，経済的ファクターが開発のペースを速めている。一方，調査・研究は，真の発展に不可欠な確固たる基盤となるにもかかわらず，そのペ

ースにほとんどついていけない (Worthington 1958, 392)。

 また，植民地省は農業開発計画において現地の生態環境や現地住民の環境に関する知識にほとんど関心を払わなかったため，植民地科学者はエコロジカルな条件が開発計画に及ぼす制約を考慮していないとしばしば批判した。たとえば，ケニア農務局の副長官に就任したブラウンは，1963年にナイロビで開催された国際自然保護連合 (International Union for Conservation of Nature and Natural Resources: IUCN) の第9回専門家会議でアフリカ開発の問題点を次のように指摘し，その後のセッションで参加者から大いに共感を得た。

 アフリカでは数多くの開発計画が巨額の資金を投入して始まったものの，こうした［エコロジカルな］限界を越えるものはつねに失敗してきた。先の大戦［第二次世界大戦］の後，一部の行政官や政策担当者のなかには，目の前の課題を克服するには壮大な計画が必要だと考えている者がいることは明らかである。こうした人々は，実験によって証明された事実に基づくためにかなり慎重な農業関係者のアプローチを拒絶し，確実な根拠のある助言をものともせず，やみくもに計画を進める傾向にある (Brown 1964, 284)。

 このように，植民地科学者と政策担当者のあいだには，開発アプローチをめぐる意見の隔たりがつきまとっていたのである。

6　ポストコロニアル期の「開発」

 これまでみてきたように，第二次世界大戦後のイギリス政府は，経済を立て直し，植民地支配に対する国内外からの批判をかわすために，新しい植民

地開発政策を打ち立てる必要に迫られた。そのなかで開発計画を成功させるのに不可欠な存在として重視されたのは，専門知識や技術をもつ植民地科学者であった。

本章では1950年代の東アフリカ農業開発に携わった植民地科学者の開発思想およびアプローチを検証し，開発計画におけるエコロジカルなファクターの重視という特徴を明らかにした。植民地科学者が1930年代までに認識するようになった熱帯環境の特異性とそれが開発に及ぼす制約は，戦後，農業の近代化を進めるなかで忘れられたわけでなく，数々の計画の失敗により，むしろその重要性が裏づけられたといえよう。かれらは，農業開発計画は現地の生態環境に基づいて立案すべきだと主張した。さらに，こうした問題関心に基づいて行われた現地調査を通じて，現地住民の土地分類システムなどのエコロジカルな知を土地利用計画へ活用する方法がうみだされ，広がった。また，植民地科学者は，東アフリカの生態環境のもとでは化学肥料の利用と機械化が必ずしも生産増と地力の維持に直結するわけではないと考えるようになった。こうした点に注目すれば，従来の植民地開発の理解——近代科学を普遍的かつ絶対的に優れていると考え，植民地の社会と生態環境を無視して強要した——は再考を迫られるであろう。

ただし，植民地科学者の提唱した「エコロジカルな開発」や，実験結果をもとに修正を加えていくという漸進的な開発アプローチは，必ずしも植民地省や植民地政府に共有されたわけではなかった。政策担当者からしてみれば，時間とコストをかけず，生産量を直ちにかつ急激に増やすための開発方法を考案することこそが，より必要であった。このような両者の関係が脱植民地化の過程で農業開発の方向性に与えた影響については，さらなる検証が必要である。

一方，1950年代末からアフリカの開発援助に国連をはじめ多くの国際組織が参入しはじめ，1960年代にアフリカ諸国が独立するにつれ，国際開発援助はますます活発になった。こうした国際組織のなかで，かつての植民地科学

者が専門家として助言を与える役割を担ったことはよく知られている (Hodge 2007, 254-276; Gold 2011)。この時期の「開発」がいかなるものであったかについては稿をあらためて検討する必要があるが，1点のみ指摘しておきたい。Conservation Foundation と Center for the Biology of Natural Systems 共催の「エコロジーと国際開発」会議（1968年）は，国際開発援助が生態環境に及ぼした結果を検証することを目的としたおそらく初めてのものであるが，その報告者のなかにはアフリカ植民地開発の中核を担った専門家が含まれていた。国際生物学事業計画（International Biological Program: IBP）の科学理事となっていたワージントンは，ナイル川集水域のダム建設によって生じた住血吸虫症（schistosomiasis）の蔓延，外来種の広がりなどについて報告した。また，ガーナ大学のジョン・フィリプス（John Phillips）は，国連食糧農業機関（Food and Agriculture Organization of the United Nations: FAO）による肥料計画のもとで化学肥料の使用が普及し，生産増をもたらす一方，種子発芽の減少，土壌の酸性度上昇など植生に対する有害な結果が出ていることに言及した。EAAFRO所長を務めたE・W・ラッセル（E. W. Russell）は，東アフリカにおける化学肥料実験の長期的観察から，化学肥料の多くが土壌にとって有害であるとともに，アフリカの小規模農業には機械を使った耕作は不向きであると結論づけた。かれらは総じて途上国の開発が生態環境に及ぼした負のインパクトを指摘したのである（Farvar and Milton 1972）。こうした開発援助をめぐる議論の場で，1950年代に植民地科学者が共有していた「エコロジカルな開発」という概念がどのように位置づけられるのかを実証的に明らかにすることが，今後の研究課題のひとつと考えられる。それにより，歴史研究は，今日の途上国の開発と保全，また，それに対する国際技術援助のあり方をめぐる議論に新たな視座を与える役割をも担っているのである。

＊本章は科学研究費（課題番号：26370885「第二次大戦後のイギリス帝国における

第3章　1950年代英領東アフリカの農業開発とエコロジー

開発概念の再検討——アフリカ農村開発計画を中心に」2014-2016年度）の研究成果の一部である。

注
（1）　おもに植民地の森林局，農務局など専門的な科学知識や技術を必要とする部局に所属するヨーロッパ人科学者／官僚および植民地開発に科学顧問として関与した科学研究・教育機関の専門家を指す。
（2）　植民地科学者がイギリス帝国の開発政策に果たした役割については多くの研究が論じているが，たとえばBeinart and Hughes（2007, 200-213）を参照。
（3）　ワージントンは，1947年からサハラ以南アフリカ科学協議会（Scientific Council for Africa South of the Sahara: CSA）の科学顧問に就任する1951年まで，東アフリカ高等弁務府（East Africa High Commission）の科学担当官も務めており，東アフリカを重視する姿勢を示していた。
（4）　委員会の報告および議論の概要と各報告の要約については以下を参照。'Crop Responses to Fertilizers and Manures in East Africa（Report of a Conference of the Specialist Committee on Soil Fertility）', *East African Agricultural Journal*, 19 (1953): 19-57。
（5）　サハラ以南アフリカ科学協議会 Scientific Council for Africa South of the Sahara (CSA) とサハラ以南アフリカ技術協力委員会 Commission for Technical Cooperation in Africa South of the Sahara (CCTA) は，ともにイギリス，フランス，ベルギー，ポルトガル，南アフリカ，ローデシアの6ヵ国間でアフリカの開発のための技術援助を目的とする組織として1950年に設立された。

参考文献
文書館史料
The National Archives of the UK, Kew (TNA) CO852/1225/5, 'British African Land Utilization Conference: Jos, Nigeria, November 7th-15th 1949, Final Report', 4 January 1950.
――――CO927/187/5, 'The Background of Tropical Agricultural Research', by Sir Bernard Keen, 1 October 1952.
――――CO927/256, 'Notes on the East African Agricultural and Forestry Research Organization by Sir William Slater', 2 April 1953.

刊行史料
EAAFRO, *Annual Report*, 1948-61.
――――, *East African Agricultural Journal*, 1948-61.

同時代出版物
Brown, Leslie H. (1964) 'An Assessment of Some Development Schemes in Africa in the Light of Human Needs and the Environment', in International Union for the Conservation of Nature and Natural Resources, *The Ecology of Man in the Tropical Environment*, (IUCN publications. New Series, no. 4), Morges: IUCN.
De Schlippe, Pierre (1956) *Shifting Cultivation in Africa: The Zande System of Agriculture*, London: Routledge and Kegan Paul.
Duthie, D. W. (1949) 'The Application of Science', *East African Agricultural Journal*, 14: 175-6.
Farvar, M. Taghi and Milton, John P. (eds.) (1972) *The Careless Technology: Ecology and International Development*, Garden City, N. Y.: Natural History Press.
Frankel, Sally Herbert (1938) *Capital Investment in Africa*, London: Oxford University Press.
Gethin-Jones, G. H. (1954) 'Development of Natural Resources for Food Production', *East African Agricultural Journal*, 19: 104-108.
Hailey, Lord (1938) *An African Survey: A Study of Problems Arising in Africa South of the Sahara*, London: Oxford University Press.
Keen, Bernard A. (n. d.) [1951] *The East African Agricultural and Forestry Research Organisation: Its Origin and Object*, Nairobi: East African Standard Limited.
Nye, P. H. and D. J. Greenland (1960) *The Soil Under Shifting Cultivation*, Harpenden: Commonwealth Agricultural Bureaux.
Soper, J. R. P. (1956) 'The African Cultivator', *The East African Agricultural Journal*, 21: 34.
Worthington, E. B. (1938) *Science in Africa: A Review of Scientific Research Relating to Tropical and Southern Africa*, London: Oxford University Press.
―――― (n. d.) [1952] *A Survey of Research and Scientific Services in East Africa, 1947-1956*, Nairobi: East Africa High Commission.
―――― (1958) *Science in the Development of Africa: A Review of the Contribution of Physical and Biological Knowledge South of the Sahara*, London: CCTA.

二次文献
北川勝彦編 (2009)『脱植民地化とイギリス帝国』ミネルヴァ書房。
半澤朝彦 (2014)「国連とコモンウェルス――『リベラル』な脱植民地化」山本正・細川道久編『コモンウェルスとは何か――ポスト帝国時代のソフトパワー』ミネルヴァ書房, 221-240。
ヘッドリク, D・R (1989) 原田勝正・多田博一・老川慶喜訳『帝国の手先――ヨーロッパ膨張と技術』日本経済評論社 (Headrick, Daniel R., *The Tools of Empire: Tech-*

nology and European Imperialism in the Nineteenth Century, Oxford: Oxford University Press, 1981)。

水野祥子（2006）『イギリス帝国からみる環境史——インド支配と森林保護』岩波書店。

―――（2009）「イギリス帝国における保全思想」池谷和信編『地球環境史からの問い——ヒトと自然の共生とは何か』岩波書店，320-333。

―――（2015）「イギリス帝国の科学者ネットワークと資源の開発・保全」『歴史学研究』937: 11-20。

峯陽一（2009）「英領アフリカの脱植民地化とフェビアン植民地局——黒人経済学者アーサー・ルイスの役割をめぐって」北川勝彦編『脱植民地化とイギリス帝国』ミネルヴァ書房，227-270。

メドウズ，ドネラ・H ほか（1972）　大来佐武郎監訳『成長の限界——ローマ・クラブ「人類の危機」レポート』ダイヤモンド社（Meadows, Donella H. et al., *The Limits to Growth: A Report for the Club of Rome's Project on the Predicament of Mankind*, New York: Universe Books, 1972)。

元田結花（2007）『知的実践としての開発援助——アジェンダの興亡を超えて』東京大学出版会。

Barton, Gregory A.（2002）*Empire Forestry and the Origins of Environmentalism*, Cambridge: Cambridge University Press.

Beinart, W. and L. Hughes（2007）*Environment and Empire*, Oxford: Oxford University Press.

Beinart W. et al.（2011）'Experts and Expertise in Colonial Africa Reconsidered: Science and the Interpretation of Knowledge', *African Affairs*, 108/432: 413-433.

Bonneuil, Christophe（2001）'Development as Experiment: Science and State Building in Late Colonial and Postcolonial Africa, 1930-1970', *Osiris*, 15: 258-281.

Bowman, Andrew（2011）'Ecology to Technocracy: Scientists, Surveys and Power in the Agricultural Development of Late-Colonial Zambia', *Journal of Southern African Studies*, 37(1): 135-153.

Clarke, Sabine（2007）'A Technocratic Imperial State? The Colonial Office and Scientific Research, 1940-1960', *Twentieth Century British History*, 18(4): 453-480.

Fairhead, James and Melissa Leach（1996）*Misreading the African Landscape: Society and Ecology in a Forest-savanna Mosaic*, Cambridge: Cambridge University Press.

Gadgil, Madhav and Ramachandra Guha（1992）*This Fissured Land: An Ecological History of India*, Delhi: Oxford University Press.

Gold, Jennifer（2011）'The Reconfiguration of Scientific Career Networks in the Late Colonial Period: The Case of the Food and Agriculture Organization and the British Colonial Forestry Service', in Brett M. Bennett and Joseph M. Hodge (eds.) *Science and Empire: Knowledge and Networks of Science across the Brit-*

ish Empire, 1800-1970, New York: Palgrave Macmillan: 297-320.

Grove, Richard (1995) *Green Imperialism: Colonial Expansion, Tropical Island Edens and the Origins of Environmentalism, 1600-1860*, Cambridge: Cambridge University Press.

Guha, Ramachandra (1989) *The Unquiet Woods: Ecological Change and Peasant Resistance in the Himalaya*, Delhi: Oxford University Press.

Harrison, Mark (2005) 'Science and the British Empire', *Isis*, 96(1): 56-63.

Hodge, Joseph M. (2007) *Triumph of the Expert: Agrarian Doctrines of Development and the Legacies of British Colonialism*, Athens: Ohio University Press.

―――― (2011) 'The Hybridity of Colonial Knowledge: British Tropical Agricultural Science and African Farming Practices at the End of Empire', in Brett M. Bennett and Joseph M. Hodge (eds.) *op. cit.* 209-231.

Low, D. A. and J. M. Lonsdale (1976) 'Towards the New Order, 1945', in Low, D. A. and Smith, A. (eds.) *History of East Africa*, vol. 3, Oxford: Clarendon Press: 1-63.

Rajan, Ravi (2006) *Modernizing Nature: Forestry and Imperial Eco-Development, 1800-1950*, Oxford: Clarendon Press.

Scott, James C. (1998) *Seeing Like a State: How Certain Schemes to Improve the Human Condition Have Failed*, London: Yale University Press.

Smith, Paul (ed.) (2001) *Ecological Survey of Zambia: The Traverse Records of C. G. Trapnell 1932-43*, 3 vols., Kew: Royal Botanic Gardens.

Speek, Sven (2014) 'Ecological Concepts of Development? The Case of Colonial Zambia', in Hodge, Joseph M. et al. (eds.) *Developing Africa: Concepts and Practices in Twentieth-Century Colonialism*, Manchester: Manchester University Press: 133-154.

Tilley, Helen (2011) *Africa as a Living Laboratory: Empire, Development, and the Problem of Scientific Knowledge, 1870-1950*, Chicago: The University of Chicago Press.

第4章

訴訟過程と環境政策史研究
——スネイルダーター事件における政府の訴訟活動から——

北見　宏介

1　訴訟過程と政策をめぐる政府内対立

　政策の主体たる政府にとって，それが「争われる」ことになる訴訟の局面は極めて重要なものである。したがって，政府は法廷においてその政策を擁護すべく精力的に主張活動を行うのが通例であろう。

　もっとも，政府の政策的関心も一枚岩というわけではなく，複数の政府機関の政策的利害が複雑に交錯する。環境政策においても，たとえば，環境汚染物質排出移動登録制度の導入をめぐって，旧通産省が化審法（化学物質の審査及び製造等の規制に関する法律）の改正によって事業者のイニシアティブによる化学物質管理の強化をめざしたのに対して，旧環境庁は，制度導入による総合的な公害規制行政のための情報基盤の整備にむけた新法の制定をめざしていた。この事案にみられるように，政府内での見解対立という事態は存在する（及川 2003, 3-6）。

　このような政策をめぐる対抗的な関係が内部に存在している場合でも，訴訟局面においては，政府は単一の当事者として法廷に立つことが想定される。では，このような政策にかかわる政府内の対立は，関連する訴訟が生じた際に，政府による主張活動のなかでどのように取り扱われることになるのか。また，そうした対立をめぐる主張活動には，どのような位置づけが与えられるのか。

アメリカ合衆国で環境法政策が進展した1970年代末，合衆国最高裁は，テネシー渓谷開発公社（Tennessee Valley Authority: TVA）によって進められていたダム事業を，1973年絶滅の危機にある種の保護法（Endangered Species Act: ESA）違反を理由として差し止める判決を下した（TVA v. Hill, 437 U. S. 153（1978））。この事件は，わが国でもいくつかの新聞で報道されたほか，原告らの中心人物が日本に招待され，講演なども行われた。(1)

　本章では，ESA にかかわるこの著名な事件を素材とした検討を行う。その理由は，このダム事業をめぐっては，政府内において TVA やこれを弁護する立場にある司法省（Department of Justice）と，ESA に関する諸権限を有する内務長官（Secretary of Interior）とのあいだで異なる見解が存在し，それが特徴的な形で合衆国最高裁にも示されていたという事情にある。化審法をめぐる政府内の対立に類似した状況が，アメリカ合衆国において ESA をめぐって生じており，それが裁判になっていたわけである。

　ESA を素材とした環境政策史の検討を行おうとするならば，ESA の立法過程やその変遷過程に注目をするものが，まずは考えられるだろう。1900年に合衆国議会を通過した，いわゆるレイシー法以来の合衆国政府の生物保護政策，なかでも環境運動とそれを受けた1960年代における法制定を経た1973年の ESA 制定という経緯（ロルフ 1997, 13-18; 畠山 1992, 353-356）は，環境政策史研究における格好の対象ともいえよう。とくに，法理論的な観点も加味するならば，ESA が，通常の制定法と異なる「上級制定法（super-statute）」として位置づける議論が存在することにも注目される。この上級制定法は，既存のベースラインを劇的に変更する新たな政策・原則を提示する制定法である点や，その制定過程の前提に幅広い熟議が存在することなどから，ときに「準憲法的（quasi-constitutional）」なものとして議論されることもある（Eskridge, Jr. and Ferejohn 2001, 1215-1216; 川岸 2016, 156-157）。この上級制定法については，上述のような制定過程の前提や，法執行に対する議会や市民の吟味を通じて修正が図られるというプロセスが存在するため，立法過

程に至る前の歴史（pre-enactment history）や立法後の歴史（post-enactment history）が，立法史と同様またはそれ以上に重要であるとも指摘されている（Eskridge, Jr. and Ferejohn 2001, 1231）。この点では，環境諸学を架橋ないし横断する環境政策史のアプローチ（喜多川 2015, 182-185）を法律学に対してとりわけ強く要求する存在として ESA を意味づけることが可能だともいえよう。

　本章が行うのは，こうした ESA に関する環境政策史研究のうち，その（ごく）一部として，ESA をめぐる1978年の合衆国最高裁判決に至る訴訟の過程の検討作業であり，特に政府による訴訟活動に注目をするものである。

　以下では，事件の概要と関連する法制度について簡単な確認（第2節）を行ったうえで，事件において合衆国政府から提出された主張が記載された書面（brief）の記載を紹介し，それがいかなる事情から作成されたのかを示す（第3節）。つづいて，この事件の背景を，ほかの時代と比較した際にどのような評価が与えられるか検討を加え，そこから司法省の訴訟活動の局面が有する政府の政策上の意義を示す（第4節）。最後にまとめとして，本章がとりあげる，政府の訴訟活動をとりあげることの環境政策史研究にとっての意義について，若干の提案的な言及を行う。

2　スネイルダーター事件の概要

　この事件は日本でも一定の注目を集め，紹介がなされてきた（生田 1978, 71-75；辻田 1984, 10-33；畠山 1992, 342-353；畠山 1996, 73；川名 2009, 448-449）。これらにも沿いつつ，まずは判決文に示された事件の概要と，判決における結論を，関連する ESA の仕組みにも留意しながら確認しておこう。

　テネシー川の支流であるリトルテネシー川において，TVA は，治水・利水・電力供給・人造湖の観光開発を目的としたテリコダム（Tellico Dam）の建設を計画した（図4-1参照）。1966年10月に合衆国議会は，この計画に予

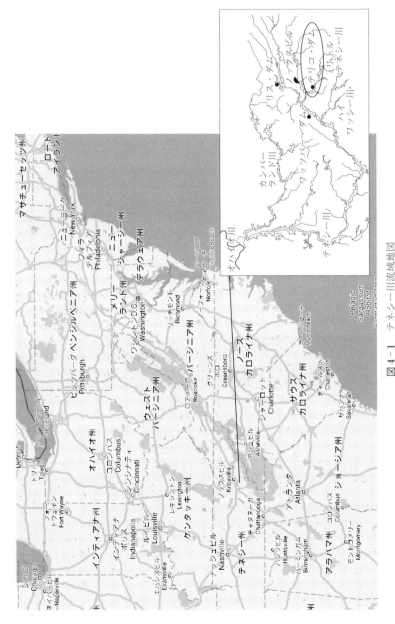

図4-1 テネシー川流域地図

出典：(拡大部分) 大串 (2005, 32) による。地図データ：Google, INEGI.

算を配分し,翌67年3月から,TVA はダム建設を開始した。

しかし,環境保護団体や地域住民は,この地域が清流域の肥沃な土地であり,かつ景勝・レクリエーションの場所として貴重であることから,ダム建設に反対した。さらに,この地域がチェロキー族にとっての聖地・居住地でもあったことから,ダム建設に反対していた。そこで1971年になって,国家環境政策法(National Environment Policy Act: NEPA)の定める環境影響評価手続にかかわる義務を TVA が履践していないことを理由として,ダム建設工事の予備的差止を求める訴えが提起された。

裁判所はこの請求を認容し,ダム建設工事の続行を禁止する予備的差止命令を下した。しかし,TVA はその後,詳細な環境影響評価書を作成したことから,裁判所は,この予備的差止命令を取り消す決定を行った。これに対して原告らは控訴したが,第6巡回区控訴裁判所は,この控訴を棄却した。

ところが,1973年の8月になり,ダム建設予定地において生物学者のデヴィッド・エトニア(David Etnier)によって,希少種であったスネイルダーター(snail darter)が発見された。これを受けた調査により,このスネイルダーターは,リトルテネシー川だけに1万から1万5000匹が生息していることが明らかになった。

この発見から4ヵ月後に,ESA が制定される。ESA を執行するのはおもに内務省(Department of Interior)内の魚類・野生生物局(Fish and Wildlife Service: FWS)であり,内務長官には ESA により多くの権限が付与されている(海洋生物については商務省(Department of Commerce)内の全国海洋漁業局(National Marine Fisheries Service)であり,商務長官(Secretary of Commerce)に権限がある)。ESA4 条では,各長官に「絶滅の危機にある種」(endangered species)と「絶滅のおそれのある種」(threatened species)を指定する権限を付与しており,この指定を行った場合には,「重要生息地」(critical habitat)を指定することとされている。

この重要生息地の指定がなされると,ESA 7条により,生息地を破壊・

悪化させるすべての合衆国の政府機関の行為が原則として禁止される。生息地に悪影響を与えるか否かにかかわる手続として ESA 7 条では，一定の生物学的アセスメントを経たうえで，当該機関が内務長官とのあいだで協議 (consultation) を行うものとしている。この協議において，内務長官が悪影響がないと判断した場合には，事業が実行されることになる。これに対して，悪影響があると判断した場合には，内務長官は合理的かつ賢慮的な代替案を提案することとなっている（畠山 1992, 359-363）。

スネイルダーター発見のニュースを聞いたテネシー大学の教員であったジークムント・プラッター (Zygmunt Plater) やテネシーロースクールの学生であったハイラム・ヒル (Hiram G. Hill, Jr.) は，スネイルダーターの生息・繁殖には，流れの早い砂利底の清流が不可欠であり，ダムができてしまうとこのスネイルダーターは死滅してしまうと考えた。そこで，プラッターらは，スネイルダーターを ESA 4 条の絶滅危惧種の指定リストに登録することと，リトルテネシー川をスネイルダーターの生息域として重要生息地に指定することを求める申出を内務長官に対して行った。

これに対しては，TVA は反対をしたが，内務長官は1975年 5 月 3 日に，スネイルダーターを指定種として登録公示した。さらに同年の12月には，リトルテネシー川の河口（テネシー川との合流点）から 5 マイルないし17マイルの箇所を，保護区域として指定した。

両指定の発効日である1976年 5 月 3 日に先立って，プラッターらは，裁判所に対して，永久的差止を求める訴えを提起した。第 1 審の東テネシー地方裁判所は，ESA の制定前から費やしてきたダムの建設費用を考慮して，原告らの請求を棄却した（Hill v. TVA, 419 F. Supp. 753（E. D. Tenn. 1976））。

しかし，原告らの控訴を受けた第 6 巡回区控訴裁判所は，「議会が適切な法律でリトルテネシー川をスネイルダーターの保護区域から除外するかスネイルダーターを保護種のリストから除外するまではテリコダムの建設工事を差し止める」という判決をくだした（Hill v. TVA, 549 F. 2d 1064（6th Cir.

1977))。

これに対して，TVAは最高裁判所に上告をした。

最高裁による判決では，9人の裁判官が6対3で，テリコダムの工事を差し止める控訴裁判所の判決を支持する判断をした。法廷意見を形成した6名の裁判官は，バーガー首席裁判官・ブレナン裁判官・スチュアート裁判官・ホワイト裁判官・マーシャル裁判官・スティーブンス裁判官であり，バーガー首席裁判官が判決を執筆した。

では，TVAはどのような主張を記した書面を最高裁に提出していたのであろうか。

3 政府からの書面と提出の背景

(1) TVAによる主張活動と書面における「付録」

TVAの書面で示された主張は，大きく次の2点であった。第1が，ESA7条はテリコダムの完成を禁止してはいないとするものであり，第2が，かりにESA7条がテリコダムの完成を妨げるものと解釈されるとしても，合衆国議会が，ダムの完成によりスネイルダーターに悪影響を与えることや，ESA違反の主張を十分に承知したうえでダムの完成に向けた予算措置をとっていることからすると，これらの考慮をしてもなお，ダムを完成させるべきとの意図を有しているというものである。

TVA側からの書面が掲げるその根拠は，第1点目については次のようなものであった。まず，ESA7条は，すでに承認と予算措置がなされ実行されているプロジェクトについて適用されないものとして文言上解釈されること。また，ほぼ完成しているプロジェクトを中止させるようなESAの適用は，これまでのNEPAに関する事件で裁判所が示してきた判例法と矛盾すること。そして，ESAの立法史において，今回のテリコダムのような完成間近のプロジェクトを中止させる意図は表明されていないこと，という3つ

の根拠である (Brief for the Petitioner, TVA v. Hill, No. 76-1701, at 23-38.)。

また,第2点目に関しては,合衆国議会がテリコダムプロジェクトに対して予算措置を行っていることに加えて,第6巡回区控訴裁判所によって原判決がくだされた後に示された,両院の歳出配分承認委員会 (Appropriations Committee) からの報告書において,各院のテリコダムを完成させようとする明確な意図が示されているという根拠が提示されていた。すなわち,この委員会は,日本での予算に当たる歳出配分承認法 (Appropriations Act) を所管する委員会であるが,1977年度の承認法に関する上院の委員会報告書では,「ESA の存在にもかかわらず,事業の完成による公益実現という便益のために,予算措置がなされるべきである (傍点箇所は,TVA の書面においてイタリック体)」という提案を行う記載がなされていた。また,成立した歳出配分承認法にみられる「1973年 ESA の目的を達成するため」の TVA に対する200万ドルの支出配分は,下院の報告書における提案を受けたものであり,これはダムを完成させる一方で,スネイルダーターを移転させるための費用分にかかわる支出として意図されており,この歳出配分承認法こそが,明確な議会の意思であるということである (Brief for the Petitioner, TVA v. Hill, No. 76-1701, at 38-54.)。

これらの根拠づけのうえで,「原裁判所の判決は破棄されるべきである」との結論が主張されていた (Brief for the Petitioner, TVA v. Hill, No. 76-1701, at 54.)。

しかし,全54ページに及ぶ以上のような主張を終えた次のページからは,「内務長官の見解」と題された付録 (appendix) が始まる。内務省の訟務官 (Solicitor) のレオ・クルリッツ (Leo M. Krulitz) により執筆された,この全13ページの付録では,その冒頭において,「内務長官は,本書面における上告人 (=TVA) の法的な結論に賛成していない」ことが示される (Brief for the Petitioner, TVA v. Hill, No. 76-1701, Appendix at 1a.)。

そして,あたかも TVA を相手に提訴した原告の手によるものかと見誤っ

てしまうかのような筆致で，TVA と司法省の主張に対して反論を加える。たとえば，TVA 側の主張の第1点にかかわる記述の冒頭は，以下のようなものである。

　ESA が制定され，発見された絶滅危惧種が内務長官により指定された時点で50から75パーセントができあがっているテリコダムのようなプロジェクトの完成を，ESA7条は禁ずるものではないと上告人は主張している。
　しかし，この主張は ESA の制定時における議会意思に反するものであり，(この事件に) 当てはまり得るこれまでの諸裁判例によって支持されるものではない。もしも上告人の主張が採用されてしまうならば，深刻な政策上の影響が引き起こされることになろう (Brief for the Petitioner, TVA v. Hill, No. 76-1701, Appendix at 2a.)。

そして付録では，ESA の制定過程における上院の環境および公共事業委員会 (Committee on Environment and Public Works) 内の小委員会公聴会の記録等の ESA 制定時の立法資料を参照しつつ，すでに進行中のプロジェクトについても ESA 7条が適用されることを主張するとともに，TVA の主張が採用された場合に，ESA 7条の協議と同様の手続を採用しているほかの法制度に対して与える影響が甚大であるとの主張を行っている (Brief for the Petitioner, TVA v. Hill, No. 76-1701, Appendix at 3a-5a.)。
　他方，歳出配分承認法によるテリコダム事業への予算措置を通じた TVA による正当化の試みに対しても，付録では，次のような反論を加えている。まず，制定法により明示されていないにもかかわらず歳出承認により黙示の法改正や適用除外という結論を導出し得るとする判例法理論は見出しがたいこと。またかりに，歳出配分承認委員会の報告書により，制定法上の ESA の適用除外を創設することができるとしても，今回の委員会報告書は明確な意図を示しているとするには不十分であること。さらに TVA による主張の

ごとく，歳出配分承認委員会の報告書によって議会の意図を判別するのに十分であるとしてしまうと，単にテリコダムにとどまらず，議会，とりわけほかの委員会による実体的な法改正の役割が損なわれることになるという問題が生じること，といった諸点である（Brief for the Petitioner, TVA v. Hill, No. 76-1701, Appendix at 6a-11a.）。

こうした反論を行ったうえでこの付録では，次のような結論を示していた。

　内務長官は，正当な見方をすれば，この歳出配分承認法が本件訴訟に何らの影響も及ぼさないこと，解決が必要な唯一の争点は ESA がテリコダム事業に適用されるか否かというものだけであること，そして原裁判所が正しく結論づけているとおり ESA は適用されるものであることを確信している（Brief for the Petitioner, TVA v. Hill, No. 76-1701, Appendix at 13a.）。

いささか，細かな法律上の議論に踏み込みすぎた紹介となったきらいがあるが，ここで筆者が示したかったことは，このスネイルダーター事件において，TVA の主張が法廷に提示されると同時に，その書面に付されて，TVA の主張と正反対の結論に至る内務長官の見解が，TVA の主張の根拠づけに全面的に反対する形で，しかも，たとえば NEPA に関する裁判例の援用を「まったくの的外れ（simply not on point）」（Brief for the Petitioner, TVA v. Hill, No. 76-1701, Appendix at 2a.）と評したり，「上告人の結論は，何ら論理的に導出されるものではない」（Brief for the Petitioner, TVA v. Hill, No. 76-1701, Appendix at 11a.）といった筆致によって示されていたという事実である。

（2）　書面提出の背景

では，このようなわが国での訴訟に対する見方からすると奇異にも映るこの書面は，なぜ提出されたのか。当事者の回顧によれば，こうした書面が作成され提出された背景には，政権交替にともなう事件に対するホワイトハウ

スによる態度の変更，さらにこれに基づく司法省に対する働きかけがあったという。

まず，最高裁における訴訟活動に関する制度を示しておこう。

合衆国の政府機関の訴えは，法務総裁（Attorney General）を長とする司法省の手によって担われることとされており，原則として政府機関が自ら訴訟活動を行うことができない（北見 2008b, 46-47）。もっとも，制定法による特別の規定がおかれることにより例外が創設されることもあり得る。しかし，法務総裁と，司法省内における第4のポストである訟務長官（Solicitor General）が担当することとされている最高裁レベルでの訴訟活動については，こうした例外の数は非常に少ない状況にある（北見 2008b, 87-90）。

ただしスネイルダーター事件の当事者であるTVAは，いわゆる政府関係法人（government corporation）であり，純然たる政府機関というわけではなく，合衆国とは別個の法人である。このため訴訟法上の一般的な位置づけとしては，自己の名で訴え，また訴えられるという当事者能力を有している。とはいえ，政府関係法人のなかには，その訴訟活動について司法省や監督官庁の許可を得ることが制定法により要求されていることがあり，また，こうした制定法による特例が存在しない場合でも，実際には司法省に訴訟代理をしてもらっている（宇賀 2000, 230）。TVAが司法省によらずに最高裁で訴訟活動を行う権限を有しているかどうかについては，制定法上も不明確なようであるが（Devins 1994, 275），当時の司法省のスタッフは，TVAには自ら訴訟活動を行う権限があるものという認識を示している[(2)]。

この訴訟活動の権限の所在が不明確であるにもかかわらず，スネイルダーター事件では，TVAは司法省と共同での訴訟活動を行っている。TVAの主張が記された書面は，TVAの法律顧問長（General Counsel）のハーバート・サンガー（Herbert S. Sanger, Jr.）と，司法省内で最高裁の訴訟活動を担当する訟務長官（Solicitor General）のもとのスタッフの連名で提出されている。

他方,最高裁における訴訟活動の権限を訟務長官と共有している法務総裁が,それを自ら行使することはまれである（北見 2008b, 93-94）。しかし,法務総裁はその任期中に,最高裁の法廷で弁論を行うという伝統がある（Pillard 2005, 707-708）。カーター政権で法務総裁に任命されたグリフィン・ベル（Griffin Bell）は,このスネイルダーター事件を,自身が弁論を行うものとして選択した。
　このように,スネイルダーター事件での TVA の主張は,書面作成については司法省の訟務長官のもとのスタッフの手によりなされ,最高裁法廷での弁論は法務総裁によって行われた。
　このような TVA 側からの最高裁への主張は,法制度や伝統的なしきたりから外れるものではない。もっとも,スネイルダーター事件に特有の事情として,通常であれば事件を取り扱うはずの訟務長官をめぐる人事があった。というのは,事件で上告がなされた後の政権交替により新たに大統領となったカーターが任命した訟務長官ウェイド・マクリー（Wade McCree）は,その職につく前には,スネイルダーター事件が係属していた原裁判所である第 6 巡回区控訴裁判所の裁判官であり,まさにこの事件を担当し,法廷意見に与していたからである。
　そこで,法務総裁のベルは,スネイルダーター事件を振り返り,次のように記している。

　1973年 ESA の制定時における議会の意図がどのようなものであったかという問題とは別個に,水面下の争点として,その政府側の見解を法廷に対し誰が主張するかという問題が存在していた。法務総裁か,その下の「独立的な」司法省か,それとも大統領のアシスタントか（Bell and Ostrow 1982, 43）。

　ホワイトハウス内には,スネイルダーター事件の書面作成に関与したがっ

ている者が少なくなく（Bell 1981, 794），実際にホワイトハウスの手による書面の作成もなされていた。そして，マクリーが訟務長官に就任したことから，内務長官のセシル・アンドラス（Cecil D. Andrus）が司法省に対して，TVAの訴訟代理を行わないように働きかけを行っていたという。原告側の代理人弁護士であったプラッターは，ホワイトハウス職員のキャシー・フレッチャー（Kathy Fletcher）からこの情報を伝え聞いていたため，TVAが単独で訴訟活動を行うことも相当に現実味をもって期待していたようである（Plater 2013, 212-213）。

しかし，このアンドラスの目論見は，法務総裁のベルにより妨害としてとらえられたため失敗することとなり，マクリーが事件に関与せず，その下のスタッフであるダニエル・フリードマン（Daniel M. Friedman）が訟務長官代行（acting Solicitor General）をとる形で，訟務長官次官のステファン・バーネット（Stephan R. Bernett）らとTVAが共同で書面を作成，提出している。

それでもアンドラスは，さらに画策を続けた。アンドラスはホワイトハウス内の環境諮問委員会（Council on Environmental Quality）の委員長であったチャールズ・ウォーレン（Charles Warren）と会談し，TVAに反対する書面の提出を許可するよう求めるという動きに関する知らせを受けたことも，プラッターは記している（Plater 2013, 215）。

他方，ベルは，アンドラスやウォーレンとは別に，ホワイトハウスの法律顧問であったロバート・リップシュツ（Robert Lipsutz）と，内政顧問であったスチュアート・アイゼンシュタット（Stuart E. Eizenstat）の名を挙げながら，両者がカーター大統領に対して，事件におけるTVAに対する態度を転換するようベルに指示することを求めていたことを記している（Bell and Ostrow 1982, 43）。こうした動きに対して，ベルは次のように記している。

政府の代理人として司法省が示してきた法的見解が変更されることの危険性に注意を促すメモを，大統領に対して私は示した。上訴しているさな

かに，完全な方針転換 (about-face) をしてしまうなら，政府の主張は不明確で矛盾を含んだものになってしまうというものである。

　メモではまず，「この重大な局面に至って見解を変更することは，最高裁の裁判官がこれまで伝統的に示してきた司法省と訟務長官室への敬意を損ねること以外の結果をもたらさない」ことを示した。

　「第2に，この事件で見解を変更することは，司法省の法的な判断と異なるにもかかわらず，政権が自己の見解を押しつけたものとして世論に受け止められることは目にみえている」。

　大統領と面談した際には，自身は法律家の倫理として見解の変更はできないことを伝えた。大統領は考えをあらため，当初のとおりに続行するよう述べたが，それにもかかわらず私は，「あなたの下のスタッフの働きかけは，あなたの役に立ちませんよ」と伝え加えた (Bell and Ostrow 1982, 43-44)。

　このように，スネイルダーター事件での書面提出の背景には，ホワイトハウスのスタッフらによる司法省への働きかけと，司法省から党派性を排除しようとするベルによる対抗があった。そしてベルが自ら最高裁での弁論を行う判断をした真の理由は，ホワイトハウスのスタッフが行ってきた付録の追加に向けた働きかけに対して，抗議の意を示すためであったという (Bell and Ostrow 1982, 43-44)。

　書面において付録が追加されるという判断それ自体がどのようになされたのかという点については明らかではない。しかしベルが，自身には付録の文面を目にする機会が与えられなかったと記している点 (Bell and Ostrow 1982, 44) や，大統領から当初の方針どおりの主張をすることを認められている点からすると，「穏当な妥協」(Baker 1992, 160) として，TVAの主張が書面の本体として提出される一方で，内務長官の見解が付録として追加されるという判断に至ったとみることができるだろう。

（3） 書面への評価

プラッターが，この対立する見解が示された書面について，「最高裁に示されるTVAの名の表紙の下に埋め込まれた法の地雷」という「望外の贈物」として受け止めた（Plater 2013, 215）のに対して，ベルは「政府内に対立が存在することに最高裁の裁判官らが注意をむけることから逃れることができなかった」としている（Bell and Ostrow 1982, 44）。そして，6対3による最高裁での敗訴から1年ほど後に，ベルは，バーガー首席裁判官から，事件当初から態度を多数意見側に変更した裁判官が2名いたことを伝えられたという（Bell and Ostrow 1982, 44）。

環境法学者のロバート・パーシバル（Robert V. Percival）は，最高裁のマーシャル裁判官によるメモの分析（Percival 1993）とブラックマン裁判官によるメモの分析（Percival 2005）を行っているが，この作業を通じて，この2名の裁判官が，バーガー首席裁判官とホワイト裁判官であったことを明らかにしており（Percival 1993, 10610-10612; Percival 2005, 10642-10643），これが書面と弁論を通じた変化であることを示唆している（Percival 1993, 10612）。

4　スネイルダーター事件の恒常性と特有性

（1） 事件背景の恒常性

このスネイルダーター事件は，最高裁に異なる対立した政府内の見解が示された点で，非常に特殊なものと評価される（Murchison 2007, 189）。しかし，こうしたことはスネイルダーター事件が唯一の事件というわけではない。このことは，ベルが口頭弁論の冒頭において，主張に反する見解を法廷に提示し得ることを，「まれなことではあるが，歴史的には生じていることであり，最高裁の方針に反するわけではない」と発言しているとおりである（Snail Darter Documents, 4-180-1978, Transcript and Audio Recording of TVA v. Hill Oral Arguments, 1.）。

最高裁においては，たとえば，企業ファイル内にある国勢調査報告書のコピーが秘匿資料（privileged documents）とされるか否かに関して，国勢調査局（Bureau of the Census）と連邦取引委員会（Federal Trade Commission: FTC）および司法省反トラスト局（Antitrust Division）のあいだで対立が生じていた．St. Regis Paper Co. v. FTC, 368 U. S. 208（1961）事件において，訟務長官は，この双方の見解を書面として提示し，また弁論を行っている（Salokar 1995, 77）．

　他方，スネイルダーター事件の後にも，証券取引委員会（Security and Exchange Commission: SEC）と訟務長官のあいだで見解が相違し，スネイルダーター事件とは逆にSECの見解が書面で示される一方で，訟務長官の見解が別個に提示された，SEC v. Dirk, 463 U. S. 646（1983）事件の例（北見 2008b, 148）や，人種差別的な私立大学への租税減免措置の基準について内国歳入庁（Internal Revenue Service: IRS）と訟務長官の見解が相違したため，書面において，「訟務長官は以下の見解に同意していない」旨の記載が付された，Bob Jones University v. United States, 461 U. S. 574（1983）事件の例（北見 2009, 107）などが挙げられる．

　書面の提示を受ける裁判官の側も，たとえばパトリシア・ヴァルド（Patricia Wald）は，「われわれは，こうした事件（＝政府内の相対する複数の見解が示される事件）に慣れている」と述べている（Wald 1998, 127）．また，United States v. El Paso Natural Gas Co., 376 U. S. 651（1964）事件においては，連邦動力委員会（Federal Power Commission: FPC）の政策が争点となっているにもかかわらず，合衆国から示された書面内にFPCの見解が示されていないことに対して，ハーラン（John Marshall Harlan II）裁判官が判決の意見内で不満を記したという例もある（Burt and Schloss 1969, 1467）．

　このように，政府内の対立が法廷に示されることは，従来から，またスネイルダーター事件以降にもみられる事象である．

　こうした事象が生じ得る素地は，ある種，存在することが当然ともいえる．

それは，そもそも政府内で複数の組織が存在し，それぞれがミッションと権限を付与されているという状況である。

環境政策だけについてみても，合衆国政府内には20世紀初頭から内務省の国立公園局など多くの環境保全に関連する機関が創設された。これにより機関間での縦割り化が生じるとともに，各機関による多元的な環境保全に向けた動きがなされるようになり，さらに，機関間の対立も生じるようになった（及川 2013）。本節で扱っている ESA でも，内務省と商務省が対象により権限を分け合っているのも，縦割り化のひとつの例である。

環境政策とほかの政策との相克にも目を広げれば，合衆国政府の規制分野が拡大し，また各規制分野について担当機関が多数創設されたニューディール期になると，政策間，機関間の対立もいっそう増加することになる。スネイルダーター事件の当事者機関となった TVA も，創設されたニューディール期においてすでに，別のベクトルを向いた政策への対応に直面している。1934年には，魚類・野生生物調整法（Fish and Wildlife Coordination Act）が制定され，河川管理施設建設者に対しては，魚道（fish ladder）を設置するなどの工夫を講じることが要求されることとなった（鈴木 2007, 262-263）。TVA もこの法律のもとに対応を求められることになったが，ここでの利益状況と，その対立の図式は，スネイルダーター事件と本質的には同じものといえるだろう。

（2） 見解表明の特有性

もっとも，こうした政府内の対立が裁判所においても顕在化するのは，全体的にみれば少数だといえる。スネイルダーター事件において，この政府内の対立が顕在化したのには，この当時の時代状況を背景とした特有性があると指摘できるかもしれない。

このスネイルダーター事件が起こった1970年代における，法をめぐる合衆国の重大事件といえば，1973年のウォーターゲート事件である。とくに，事

件に続いて，特別検察官のアーチボルド・コックス（Archibald Cox）の解任を法務総裁のエリオット・リチャードソン（Elliot Richardson）に指示したことと，リチャードソン，次いで法務総裁次官のウィリアムス・ラッケルズハウス（Williams Ruckelshaus）がともにこれに従わず辞任をした，「土曜の夜の惨劇（Saturday Night Massacre）」によって，司法省に対する政治的・党派的なコントロールに人々は批判的な目を向けた。司法省に関しては，法務総裁を公選制にするべきという新聞投書があるほどに改革を求める声が上がり，実際に，法案も策定されていた（飯島 1976, 110-111）。

　ベルは，この事件から間もない時期に上院の承認を得て任命された法務総裁である。任命時は裁判官の職にあり，前任の研究者出身であったエドワード・リーバイ（Edward E. Levi）に続き，党派色の薄い人選がなされていた（Clayton 1992, 52）。歴代の法務総裁の研究を行ったナンシー・ベイカー（Nancy V. Baker）は，リーバイら数名の法務総裁とともに，ベルを「中立的」な法務総裁として評価しており，司法省への政治的，党派的な作用の排除を強く意識していたことが紹介されている（Baker 1992, 151-165）。ベルのもとでは，司法省の長として，法務総裁とともに司法長官（Secretary of Justice）をおく 2 頭体制とし，訴訟活動を掌る法務総裁に政治的な影響が及ばないようにする案も検討されていた（Meador 1980, 64-68）。

　すでにみた，スネイルダーター事件での見解変更を求めるホワイトハウスの動きに対するベルの対応も，この評価に沿うものといえよう。ホワイトハウスによる訴訟活動の過程への介入を排除する意図が強くうかがわれる。ベルは，スネイルダーター事件の後に，訟務長官の活動への政治的な介入を懸念して，司法省内の法律顧問室（Office of Legal Counsel）に対して，訟務長官のホワイトハウス・各省庁からの独立性を強調する意見書を作成させている（Kalt 1998, 722-724）が，この動きも軌を一にするものと評価できるだろう。

　このように，スネイルダーター事件で政府内の対立する見解が示されたのは，それがベルの法務総裁の任期中であったことも要因として挙げることが

第4章　訴訟過程と環境政策史研究

できるかもしれない。ホワイトハウスからの働きかけに対し，法務総裁がベルであったからこそこれを拒み，そのために政府内の対立が法廷において顕在化したという可能性もある。法務総裁がベルでなければ，その政治的な圧力のもとに，TVA に対抗的な内務長官の見解に沿った訴訟活動が行われたかもしれないということである。

（3）　見解表明と司法省への依存

　スネイルダーター事件は，政府内の対立する見解が法廷に示されたまれな例のひとつであるということから，注目も向けられてきたが，同時に他方で，上述のように，政府内で対立が生じる素地は，政府の組織状況とミッションの配分の点では恒常的に存在する。これは，多くの場合では，事件に関連して政府内に対立する見解が存在していたとしても，それが同時に法廷に示されることがなく，何らかの形で調整が図られたうえで，単一の政府の声として法廷に提示され，一枚岩となった当事者として政府が法廷に立っていることを意味する。つまり，政府による訴訟への対応の過程が，政策間の調整の局面になっているということである。

　すでにふれている，司法省が政府の訴訟活動の権限を独占するという原則的な制度図式は，各機関が訴訟活動について司法省に依存しなければならないという，司法省が各機関に対して優越的な立場に立つ形で，この調整を行うための機能を果たすものとして認識もされている（Devins 1993）。

　多くの政府機関が創設され，各機関がそれぞれにミッションの実現に向けた動きをとるという政府内の構図が形成されたニューディール期においては，訴訟活動を担当する司法省が十分な人員を用意できないなど，各機関の政策的要請に応えられないという事態が生じていた。このため，各機関は司法省に対して批判をむけていた。こうした批判が上がっていたことが示唆するように，司法省は訴訟局面において各政府機関の決定や活動に対して制約的・対抗的な存在となり得る（北見 2008a, 282-289）。合衆国政府内で原則的に訴

訟活動の権限を独占する機関として司法省は，政府内の諸見解のコーディネートを行うことが可能であり，またその過程は政策過程の一部をなすものといえる。

スネイルダーター事件で，かりにホワイトハウスが司法省に働きかけを行わなければ，内務長官の見解は付録としても法廷に示されることは一切なかったし，逆に，ホワイトハウスの働きかけに沿って司法省が主張の変更を行っていたならば，原則的にTVAの見解は法廷に示されることはなかった。このように，司法省が政府の見解を裁判所に提示し得る唯一の存在であることから，司法省をめぐる訴訟対応の過程は政策実現にとっても重要な局面として位置づけることができる。

そして，1977年における大気清浄法（Clean Air Act）の改正時における，訴訟活動の権限を司法省と環境保護庁（Environmental Protection Agency）のいずれに与えるかという議論にみられるように（McCubbins, Noll and Weingast 1989, 470-472），この訴訟活動の権限の所在それ自体が環境政策の争点とされ，法改正に影響を与えることもある。

現に，各政府機関の司法省に対する依存性が強く意識された運営がなされている領域も存在する。それが，情報公開にかかわる訴訟対応の局面である。

日本での情報公開法に相当する，アメリカ合衆国の情報自由法（Freedom of Information Act）により政府情報が公開されるか否かに影響を与えるのは，法それ自体に加えて，情報公開請求訴訟への対応方針がある。本章の主要な登場人物であるベルは，1977年に，公開拒否に実質的な法的根拠があっても，公開が正当な公益・私益に現実の損害を与える十分な見込みがないかぎり，司法省は公開拒否が争われる訴訟での弁護を引き受けない方針を全政府機関に通知していた。情報公開の積極化を，訴訟局面を通じても押しすすめようとしたわけである。

その後の情報公開政策も，訴訟方針によって左右されることになる。レーガン政権下での法務総裁スミス（William Smith）は，政府機関が公開請求に

対して非公開としたことに実質的な法的根拠があれば，たとえ公開から証明できる損害が発生し得ると示さなくても，司法省は訴訟において弁護をすると方針を変更した。これに対して，クリントン政権下での法務総裁ジャネット・リノ（Janet Reno）は，再度，訴訟弁護の方針を転換し，情報を公開することが法律上の非開示事由の規定によって保護された利益に危害を及ぼすという政府機関による予測が合理的である場合にしか司法省としては弁護を行わない方針を示した。ところが，続くブッシュ政権では，法務総裁ジョン・アシュクロフト（John Ashcroft）が，非公開決定が健全な法的根拠を欠かないかぎり，司法省は訴訟弁護を行うとする方針を打ち出した（松井 2003, 487-488)。

情報公開請求に対する各政府機関が行う非公開決定が争われる訴訟において，弁護を拒絶されることは，司法省に依存的な各機関にとって決定的，場合によっては絶望的な意味を有する。このように，司法省による弁護方針が，訴訟活動の局面における司法省の各機関に対する圧倒的な優越性を背景にして，訴訟にならずとも，各機関の情報公開のあり方に有効に作用することになる（Bell 1978, 1063-1064)。

5 訴訟活動と環境政策史研究

本章が扱ったスネイルダーター事件は，完成間近であった TVA のダムプロジェクトをいったんは中止させるという結果をもたらすとともに，直ちに議会による対応を生じさせた。重要生息地の指定に際し，「経済的インパクト」などの考慮を求めることなどを盛り込んだ，1978年の ESA 改正である（畠山 1992, 367-369)。

第1節でふれたとおり，「上級制定法」をめぐる議論では，これが議会において完全形として生み出されるわけではなく，したがって，執行する機関や裁判官による入念な仕上げの作業が不可欠であり，その作業も，立法者や

市民の意味ある吟味に基づく修正の対象になるという,「フィードバックのループ」を必然的に要求するものとされる (Eskridge, Jr. and Ferejohn 2001, 1231)。1978年の ESA 改正で適用除外条項が導入されてもなお,テリコダム事業が議会内委員会で例外としては認められなかったが,しかし結局は,1980年の「エネルギー水開発への歳出を行う法律」(An Act Making Appropriations for Energy and Water Development for Fiscal Year Ending September 30, 1981, for Other Purposes) によってテリコダムが ESA の適用範囲から除外されるに至ったという,議会を主たる舞台とした決着までの経緯(畠山 1996, 73) や,その後間もなくなされる1982年の ESA 改正に歴史的な考察を加えるうえで,このスネイルダーター事件の検証は重要な作業となるだろう。

　本章は,事件の背景として,政府内に異なる対立する見解が存在していたことを示し,その両者が特異な形で最高裁にも提出され,この過程を通じた2名の最高裁裁判官の態度変更も経たうえで,判決がくだされたことを示した。

　環境政策に影響を及ぼす法的判断は真空状態のなかでなされるわけではない。本章が一切ふれていない判決の内容の分析が重要なことは無論のことであるが,本章のような訴訟過程をとりあげた検討により,判決が政策にもたらした影響の検証も厚みあるものになり,ひいては市民による吟味の意味を深めることに寄与するものと考える。

　他方,本章では,事件の検討にとどまらず,この政府による訴訟活動が,環境政策史の検討を行ううえで重要な対象領域になることも提案したつもりである。内部に複数の機関を抱え,その各々が個別にミッションを有しているという巨大な政策主体である政府が,基本的には単一の声により法廷で主張を行うという訴訟活動の局面は,政府内部の見解調整がなされる政策過程の重要な部分である (Devins and Herz 1998, 201)。そこでの司法省をめぐるさまざまなアクターの行動や態度と,その変化に注目の目を向けることは,

環境政策史研究にとって有用であろう。

　とくに，訴訟は環境領域に限定されるものではなく，政策分野を横断する制度であるが，そこでなされる訴訟活動は，訴訟に関するルールの枠内で相当程度の様式性をともなってなされることが要求される。このことからは，政策領域間の対照が比較的には行いやすく，環境政策領域に固有の特殊性が示されやすい可能性もある。

　さらに，日本で先行的に展開されている公害（訴訟）研究においては，たとえば，原告側が「和解にかける」という行動をとらねばならない要因として，当事者の組織性の程度に差があることが示されている（宮澤 1994, 37-49）が，こうした組織性の分析や，それを維持する法制度の吟味の際のひとつの切り口として，先行する研究にも接続的な貢献も行い得るのではないか。

　以上，訴訟活動の過程を環境政策史の対象としてとりあげることの意義を示してきたが，これに加えて，前節で触れた司法省による情報公開訴訟における方針の機能をみるならば，訴訟活動を判決の背景としてではなく，訴訟活動それ自体をめぐる政策もまた，環境政策史研究が直接に対象として取り扱う可能性も指摘できよう。司法省による訴訟活動は，下級裁判所の事件では複数の局（division）に配分されているが，おもには，環境および天然資源局（Environment and Natural Resources Division）が担当している。こうした単一局に焦点を当てて，その動きを歴史的な視点で検討するという方法を提案できる。

注
（1）　座談会（1980）「環境保全への新座標」『法学セミナー』304: 76-87。
（2）　Rex E. Lee Conference on the Office of the Solicitor General of the United States（2003），*Brigham Young University Law Review*, 2003: 1-183.
（3）　同上。

参考文献
飯島澄雄（1976）『アメリカの法律家 下』東京布井出版。

生田典久（1978）「ダムの建設と種の保護──小さな魚が大きなダムの建設を止めた」『ジュリスト』673: 71-75。
宇賀克也（2000）「アメリカの政府関係法人」碓井光明ほか編『公法学の法と政策 下巻』有斐閣，205-238。
及川敬貴（2003）『アメリカ環境政策の形成過程』北海道大学図書刊行会。
─── （2013）「ニューディール環境行政改革前史」寺尾忠能編『環境政策の形成過程──「開発と環境」の視点から』日本貿易振興機構アジア経済研究所，175-199。
大串龍一（2005）「私の見た世界の湖沼 TVAのダム湖（アメリカ東南部）とクリンチ湖（スマトラ）」『河北潟総合研究』8: 31-44。
川岸令和（2016）「立憲主義のディレンマ」駒村圭吾・待鳥聡史『「憲法改正」の比較政治学』弘文堂，141-169。
川名英之（2009）『世界の環境問題 第5巻 米国』緑風出版。
喜多川進（2015）『環境政策史論──ドイツ容器包装廃棄物政策の展開』勁草書房。
北見宏介（2008a）「政府の訴訟活動における機関利益と公共の利益(3)」『北大法学論集』59(3): 241-309。
─── （2008b）「政府の訴訟活動における機関利益と公共の利益(4)」『北大法学論集』59(4): 81-153。
─── （2009）「政府の訴訟活動における機関利益と公共の利益(5)」『北大法学論集』59(6): 59-136。
鈴木光（2007）『アメリカの国有地法と環境保全』北海道大学出版会。
辻田啓志（1984）『魚の裁判』日本評論社。
畠山武道（1992）『アメリカの環境保護法』北海道大学図書刊行会。
─── （1996）「アメリカにおける絶滅のおそれのある種の法」国際比較環境法センター編集『世界の環境法』国際比較環境法センター，61-75。
松井茂記（2003）『情報公開法 第2版』有斐閣。
宮澤節生（1994）『法過程のリアリティ』信山社。
ロルフ，ダニエル（1997）関根孝道訳『米国種の保存法概説：絶滅からの保護と回復のために──20世紀自然保護の最高到達点』信山社。
Baker Nancy V. (1992) *Conflicting Loyalty: Law and Politics in the Attorney General's Office, 1789-1990*, University Press of Kansas.
Bell, Griffin (1978) "The Attorney General: The Federal Government's Chief Lawyer and Chief Litigator, or One Among Many ?", *Fordham Law Review*, 46: 1049-1070.
─── (1981) "Office of Attorney General's Client Relationship", *The Business Lawyer*, 36: 791-797.
Bell, Griffin and Ronald J. Ostrow (1982) *Taking Care of the Law*, Mercer University Press.
Burt, Jeffery A. and Irving S. Schloss (1969) "Government Litigation in the Supreme Court: The Roles of Solicitor General", *Yale Law Journal*, 78: 1442-1481.

Clayton, Cornell W. (1992) *The Politics of Justice*, M. E. Sharpe, Inc.
Devins, Neal (1993) "Political Will and The Unitary Executive: What Makes an Independent Agency Independent ?", *Cardozo Law Review*, 15: 273-312.
―――― (1994) "Unitariness and Independence: Solicitor General Control over Independent Agency Litigation", *California Law Review*, 82: 255-327.
Devins, Neal and Michael Herz (1998) "The Battle That Never Was: Congress, The White House, and Agency Litigation Authority", *Law and Contemporary Problems*, 61: 205-222.
Eskridge, Jr., William N. and John Ferejohn (2001) "Super-Statutes" *Duke Law Journal* 50: 1215-1276.
Kalt, Brian C. (1998) "Wade H. McCree, Jr., and the Office of the Solicitor General, 1977-1981", *Detroit College of Law at Michigan State University Law Review*, 1998: 703-751.
McCubbins, Matthew D., Roger G. Noll and Barry R. Weingast (1989) "Structure and Process, Politics and Policy: Administrative Arrangements and the Political Control of Agencies", *Virginia Law Review*, 75: 431-482.
Meador, Daniel J. (1980) *The President, the Attorney General, and the Department of Justice*, White Burkett Miller Center of Public Affairs, University of Virginia.
Murchison, Kenneth M. (2007) *The Snail Darter Case: TVA versus the Endangered Species Act*, University Press of Kansas.
Percival, Robert V. (1993) "Environmental Law in the Supreme Court: Highlights from the Marshall Papers", *Environmental Law Reporter*, 23: 10606-10625.
―――― (2005) "Environmental Law in the Supreme Court: Highlights from the Blackmun Papers", *Environmental Law Reporter*, 35: 10637-10665.
Pillard, Cornelia T. (2005) "The Unfulfilled Promise of the Constitution in Executive Hands", *Michigan Law Review*, 103: 676-758.
Plater, Zygmunt J. B. (2013) *The Snail Darter and the Dam: How Pork-Barrel Politics Endangered a Little Fish and Killed a River*, Yale University Press.
Salokar, Rebecca Mae (1995) "Politics, Law, and the Office of Solicitor General", in Clayton, Cornell (ed.) *Government Lawyer*, University Press of Kansas: 59-83.
Wald, Patricia M. (1998) "'For the United States': Government Lawyers in Court", *Law and Contemporary Problems*, 61: 107-128.

第5章
国民投票後のスウェーデンのエネルギー政策
―― 脱原発のための施策は十分だったのか ――

伊藤　康

1　スウェーデンは迷走したのか？

　スウェーデンは，国内の政治状況およびアメリカ合衆国のスリーマイル島原発事故を受けた後の1980年の国民投票の結果，2010年までに国内の原子力発電を廃止するという決定を行った。しかし，代替電源確保の目途は立たず，原発廃止への動きは進まなかった。1999年と2005年に，全12基の原子炉のなかで2基が閉鎖されたものの，中道右派政権のもとで2009年に原発継続（老朽化した原発のリプレイスを認める）という決定がなされた後，2014年秋の社民ブロックへの政権交代によって，再び「脱原発」へと舵を切った。こうした動きをみれば，スウェーデンは原発の是非をめぐって大きく揺れ動いているようにみえる。1980年の国民投票時，原発がスウェーデンの総発電量に占める比率はすでに約27％，その後50％前後に達することになる。このような基幹電源を30年の間に廃止するのは，省エネルギーやほかの電源（再生可能エネルギー）への転換を強力に進めるような政策手段を導入したとしても極めて困難であることは，容易に予想できる。目標が達成困難である以上，ある程度「揺れ動く」のは致し方ないであろうが，それでは困難な目標達成のために導入された政策手段は適切かつ十分なものだったのだろうか。

　いくつかの先行研究（Sahr 1985; Jasper 1990; Löfstedt 1993 など）によって，1980年の国民投票自体が政治的な妥協の産物であり，そもそも当初から「完

全な脱原発」が多数派ではなかったことが明らかにされている(1)。しかし，脱原発を訴える政党が連立政権のなかでキャスティング・ボードを握ったこと，大政党内部でも政党分裂回避のために脱原発派に配慮せざるを得なかったことなどの理由により，「条件を付けた脱原発」が有力な選択肢になり，それが最も多数の票を集めたのである。

　逆に国民投票後は，スウェーデン国民は原子力問題に対する関心を失った。1986年に旧ソ連のチェルノブイリ原発事故が起きると，スウェーデン国内の農産物に対する影響もあって，その直後は原発に対する批判が急速に高まったが，それは一時的なもので，事故から2〜3年程度経つと，原発に対して強い批判が行われることはほとんどなくなった。そして早くも1991年に，当時の与党と一部の野党とのあいだで，原発廃止の期限を当初定められた2010年にこだわらないという合意が結ばれた。この流れをみれば，国民投票後の最初の10年＝1980年代が，2010年までに原発をすべて廃棄するという当初の目標を達成するためには，決定的に重要な時期であったことがわかる。

　本章においては，スウェーデンにおける1980年代のエネルギー政策を分析することによって，当初の目標どおり2010年，あるいはその近い時期までに脱原発を進めることができなかった要因を検討する。前述のように，1980年代にはいるとチェルノブイリ事故直後を除いて，スウェーデン国民は原発（廃棄）に対する関心を失い，また政権党も党の分裂を回避するために，内部の脱原発派に対する配慮，あるいは原発廃棄を主張する政党との協力関係への配慮から，露骨な態度をとらないまでも，原発維持が多数派を形成していた。こうした状況をふまえれば，歴代の政権が脱原発のための政策導入に，あまり積極的でなかったのは，ある意味当然である。しかし，省エネのように，原発の維持／廃棄にかかわらず，共通して支持を得られる可能性が高く，それが脱原発への第一歩となり得る政策もある。実際，1970年代の2回の石油ショックを経て，石油依存の低減はスウェーデンにとって非常に重要な課題となった。適切な政策が早い時期に導入されていれば，結果として2010年

までの原発廃棄という当初の目標を達成できなくなったとしても，より目標に近づけた可能性があったかもしれない。また，たとえ支持団体の多くが原発維持を表明し，政党内部でも原発維持派が多数派であっても，適切な政策が導入され，それが効果的であれば，国民が原発に対する関心を失うということはなく，主要なアクターの態度が変化する可能性は十分にあった。その意味で，多くの制約があったとはいえ，同時期のエネルギー政策，特に原発への依存を低下させるのに必要な政策をめぐる動きを検討する意義は大きいと考える。

本章の構成は，以下のとおりである。まず，第2節でスウェーデンの電力事情の推移について基本的な情報を整理する。第3節では，スウェーデンにおける1970年代の原発をめぐる状況について，第4節では，1980年代のエネルギー政策の概要を，チェルノブイリ原発事故の前後に分けて検討する。第5節では，より具体的な政策として，代替エネルギーへの転換の取組と，省エネ政策に関する検討を行う。それらの事実をふまえて，最後にまとめと今後の研究課題について述べる。

2 スウェーデンにおける電力事情

(1) 電力需要と供給の推移

図5-1は，スウェーデンにおける発電量およびその内訳の推移を示したものである。1980年までは一貫して発電量は増加してきたが，1980年代にはいると伸び率は鈍化し，前年の発電量を下回る年もあった。発電方法については，地理的条件を利用して水力発電に大きく依存していたが，大規模な水力発電の適地が開発し尽くされたこともあり，火力発電も拡大していった。1970年代初頭に原子力発電を開始し，国民投票が行われた1980年には，水力約62％，原子力約27％であった[2]。原子力の比率は，1986年には50％に達し，2000年頃までは40％台半ばから50％台前半のあいだで推移する。

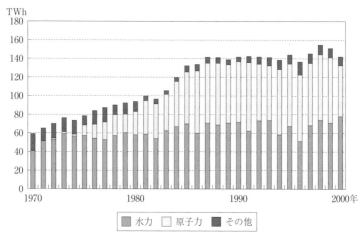

図5-1 スウェーデンの発電量推移
出典：Swedish Energy Agency（2007）より筆者作成。

図5-2 部門別電力需要の推移
出典：Swedish Energy Agency（2007）より筆者作成。

　部門別需要でみると，1970年代中頃までは，産業部門が全体の60％弱を占めていたが，徐々に家庭部門の比率が増え，1977年以降は家庭部門の需要が産業部門のそれを上回るようになった（図5-2）。また，1980年代に入ると，

表5-1 先進各国の1人当たり電力消費の比較

(単位:kWh)

国	1970年	1975年	1980年	1985年	1990年
スウェーデン	7,316	9,052	10,703	14,950	15,836
イギリス	4,167	4,492	4,684	4,827	5,357
アメリカ	7,237	8,522	9,862	10,414	11,713
ドイツ	3,834	4,744	5,797	6,449	6,640
フランス	2,623	3,235	4,408	5,246	5,941
イタリア	2,073	2,476	3,105	3,392	4,145
日本	3,222	4,029	4,718	5,328	6,486

出典:IEAデータベースより筆者作成。

地域熱供給における電力利用が増加した。

表5-1が示すように、スウェーデンの国民ひとり当たりの電力消費量、あるいはGDP当たりの電力消費量は、世界でも最も多いカテゴリーに属し、「豊かな福祉国家」は電力に支えられていた面が非常に大きかったことは間違いないといえる。

(2) 電力供給体制

スウェーデンの電力供給体制は、1990年代に電力自由化が大幅に進むなど変化が激しいが、1980年代までの状況をまとめておこう(3)。発電、送電、配電の部門ごとに体制は異なっている。発電部門については、国営電力庁ヴァッテンファル(Statens Vattenfallsverk)が全体の50%以上を発電、残りを自治体所有会社、シドクラフト(Sydkraft)などの私企業が発電している。送電部門については、ヴァッテンファルが送電網を所有、配電部門は各発電主体が配電企業を所有することが多いが、自治体所有企業の比率が高い(表5-2)。

スウェーデン政府は電力価格を統制することはなかったが、総発電量の50%以上を占めているヴァッテンファルが販売する電力価格の決定を通じて、その他企業・自治体の電力価格を誘導することが可能であった。すなわち、ヴァッテンファルの電力価格を低く設定すれば、ほかの発電会社が電力価格を高く維持することは困難なので、平均的に電力価格は低くなる。そしてヴ

表5-2 電力業所有形態別シェア
(単位:%)

	発電	配電
国	55	11
自治体	20	66
民間	25	38

出典:Hjalmarsson (1995, 133).

ァッテンファルは,以前に開発した水力発電所を多数所有しており,低い電力価格を維持することが可能だったのである。

配電については,発電ほどは集中していないが,比較的比率が高い地方自治体の配電会社を通じて間接的に規制されている。スウェーデンでは,自治体は利潤を得ることが禁止されていて,これは配電についても同様である。都市部の自治体は一般に,配電に関して地理的に有利な条件下にあるので,郊外地域と比較して安い料金を設定することができる。「ヤードスティック競争」[4]の原理が働くことによって,郊外地域の配電会社にも価格低下の圧力が働き,全般的に電力価格が低い水準に維持されてきた。

3 原子力廃棄に関する国民投票までの状況[5]

スウェーデンでは,1970/71年の議会決議で,11基の原子炉を建設することになり,72年にスウェーデン初の軽水炉がオスカーシャム(Oskarshamm)で運転を開始した。1971年までは,全国政政党が原発の推進に合意していたが,実際に原子炉の運転が開始されると,変化がみられ始めた。1972年9月にストックホルムで国連人間環境会議が開催されると,一段と環境問題に対する関心が高まり,原発を問題視する意見も現れるようになった。1972年11月に野党議員が放射性廃棄物の最終処分に関する質問を行った際,当時の産業大臣が国際的に受容された方法はないと答弁したため,質問した議員が原子炉の新設停止を提案,これが原子力に反対する左党からの支持を得た。ただし,それは議員全体のなかでは少数派であり,最大勢力の社会民主党,野党の穏健党,自由党は,中身について差異はあっても,原発賛成派であった。

1973年,農業従事者をおもな支持基盤とする中央党が,原発反対の立場を

明確にし，同年秋の選挙で，中央党は反原発を訴えた。中央党党首は，自分が首相になったらすべての原発の稼働を停止し，1985年までに廃炉にすると言明したのである。その中央党が24.1％の議席を獲得という大躍進を遂げたこともあり，44年間続いた社民党政権が倒れ，中央党，自由党および穏健党の保守中道連立政権が誕生した。

　中央党党首フェルディン（Fälldin）は，選挙期間中，稼働している5基の廃止，建設中および燃料未装着の5基は停止，計画段階の3基は着工させないことを提唱していたが，連立政権発足後，自由党と穏健党は選挙時の沈黙を破り，原発の廃棄に反対しはじめた。中央党は連立政権の発足を優先し，条件を付けつつも，バルセベック（Barsebäck）原発2号機の運転開始を許可した。その条件とは，「エネルギー委員会」を設立し，新たなエネルギー政策を立案すること，原子炉の所有者には新規原子炉を運転するためには，放射性廃棄物を「完全に安全」に処理する方法を確立することを義務づける「原子力条件法」（Villkrslagen）を制定すること，であった。

　1977年，その原子力条件法が成立する。しかし，これも妥協の産物で，中央党は放射性廃棄物の確実な処分方法の確立は実現不可能と考えていた一方，自由党と穏健党は可能であると考えていた。1977年11月，国家電力委員会は原子力条件法に基づき，リングハルス（Rimghals）原発3号機の燃料装荷を勧告した。政府は放射性廃棄物の地層処分に適した岩床がみつかっていないことを理由にこの勧告を却下したが，逆にこの問題を解消できれば燃料装着が可能になるという了解を与えることになった。その後，1979年から80年にかけて，政府は計4基の燃料装着を認めることになる。

　この例が示すように，中央党は自らが文字どおりの条件として出した原子力条件法によって，新規原子炉の建設を認めざるを得ないという状況に追い込まれていた。そして1978年6月，中央党はフォシュマルク（Forsmark）原発3号機の運転開始を認めないという強硬姿勢を示したことで連立維持が困難になり，遂に政権から離脱した。

中央党に代わり政権を担当したのは，少数党の自由党であった。自由党は穏健党との連立を拒み，社民党に閣外協力を要請した。それまでに，自由党は11基，社民党は13基の原子炉の運転を主張していたが，1979年，妥協する形で，最終的に12基の原子炉運転を盛り込んだエネルギー政策が決定された。
　しかし，1979年3月28日に起きたアメリカ合衆国・スリーマイル島原発事故により，大きな変化が生じる。社民党は，同事故の影響を見極めるまでは原発に関する最終責任を負いたくないと考え，上記の政策案に対する同意を撤回するとともに，中央党が提唱していた原発の是非に関する国民投票の実施に賛成した。
　1979年12月，スウェーデン議会は1980年3月28日に国民投票を実施することを決定した。当初，計画された6基の建設をめざす原発容認と，計画中の6基の建設を放棄および稼働中の6基もできるかぎり早く停止するというふたつの選択肢に対する投票が予定されていた。しかし，最終的には以下の3つの選択肢（Line）に関して投票が行われるようになった。[6]

Line 1
　稼働中の原発の閉鎖の時期は，雇用と福祉水準を維持するための電力需要に見合った速度で行われなければならない。とくに，石油依存度を引き下げるため，また再生可能エネルギーが利用可能になるまで，現在稼働中および完成済み，あるいは建設計画中の原子炉とあわせ，12基のみを利用する。原発はそれ以上拡張しない。原子炉を閉鎖する順序は，安全性への配慮に従う。

Line 2
　Line 1 の内容に加えて，以下の内容が追加されている。
　省エネルギーを積極的に行い，より活発化させる。社会的弱者を保護する。新築の建築物の暖房には，電気ヒータを使用しないにするなどの方策で，電力消費抑制のための手段を講じる。政府の指導のもと，再生可能エネルギー

に関する研究開発を促進する。原発の環境面および安全性の向上に努める。それぞれの原発について、特別の安全性研究を行う。市民に情報を提供するために、周辺住民から構成された委員からなる安全委員会を原発ごとに設立する。石油および石炭火力は回避する。発電および配電の主たる責任は、国民に委ねられる。原発やその他の将来の電力生産のために主要な施設は、国あるいはコミューンの所有とする。水力発電からの余剰収益は、税によって回収する。

Line 3
　原発の拡張を拒否する。現在稼働中の6基の原発は、最長10年以内に閉鎖する。石油依存度を引き下げるための省エネルギー計画は、①持続的かつ強力なエネルギー節約、②再生可能エネルギーに対する実質的な投資の増加のもとに進められる。稼働中の原子炉の安全基準を厳しくする。未装荷の原子炉は稼働しない。国内のウラン採掘は許可しない。将来の安全性分析が必要とされるならば、この提案は原発の即時撤廃を意味する。核拡散や核兵器の使用を防ぐ努力は強力に進められなければならない。核燃料の再処理は禁止、原子炉や原子炉の技術の輸出は中止する。代替エネルギーや効率的省エネ技術、原料加工業の振興によって雇用の促進を図る。

　Line 1は穏健党が支持し、得票率は18.9％、Line 2は自由党および社民党が支持し、得票率は39.1％、Line 3は与党自由党、野党左党、キリスト教民主党が支持し、得票率は38.7％となり、「条件付容認」のLine 2が最大の票を集めるという形で国民投票は決着した（*Proposition* 1979/80: 70, p. 4）。

4　1980年代のエネルギー政策の概要

(1)　国民投票直後からチェルノブイリ事故まで

　スウェーデンでは，国民投票の結果それ自体には，法的拘束力はない。それが効力をもつには，議会がその結果に沿った決定を行う必要がある。国民投票直後の1980年6月，スウェーデン議会は国民投票の結果をふまえ，原子力依存を低下させるというエネルギー政策案を承認した。そのおもな内容は，2010年までの原発廃棄の確認，石炭・天然ガス・国内資源の利用や省エネによって石油の使用を大幅に削減する，といったことである（*Proposition* 1980/81: 90; SOU 1984: 61; Löfstedt 1993, 74-75)。

　当時，原子炉の寿命は約25年と考えられていた。建設中の原発も1985年までには運転開始が可能だったので，2010年まで稼働すれば，最も遅く稼働するものでも25年間操業できることになる。原発所有者に対して25年間の操業を認めることで資本損失が起きないように配慮を行い，さらにこの後，すでに建設中の原発6基の操業を認めた。これはすなわち，2010年までにすべての原発を廃棄することを決めたものの，すでに存在する原発と同数の原発が新たに稼働することもまた，決定されたということである。最終的にスウェーデンで稼働した原子炉は，表5-3のとおり12基である。なお，これらの議会による決定は，上記の目的を直接的に達成するための手段をもつわけではなく，目的達成にはほかの政策手段の導入・強化が必要であった。

　しかし，国民投票が終わると，スウェーデン国民の多くは原子力に対する関心を失う。原発に対する反対運動は盛り上がらなくなり，たとえば，バルセベック原発に反対する集会で，スリーマイル事故直後の1979年には2万人以上が集まったものが，1982年には6000人しか集まらなかった（Löfstedt 1993, 75)。

　こうした状況のなかで，政府（中道右派連立政権）は1981年に，詳細なエネ

第5章　国民投票後のスウェーデンのエネルギー政策

表5-3　スウェーデンの原子力発電所

発電所	号機	出力(万 kW)	運転開始年	所有者
バルセベック	1号	60	1975	シドクラフト社
	2号	60	1977	
オスカーシャム	1号	44	1972	シドクラフト社, ストックホルムエネルギー社など
	2号	60.5	1974	
	3号	116	1984	
フォーシュマルク	1号	97	1980	ヴァッテンファル社など
	2号	97	1981	
	3号	115.5	1985	
リングハルス	1号	79.5	1976	ヴァッテンファル社
	2号	87.5	1975	
	3号	91.5	1981	
	4号	91.5	1983	

出典：SOU（1985: 139, p.148）より筆者作成。

表5-4　エネルギー供給・需要の予測

（単位：TWh）

供給源	1979年	1985年	1990年
石　　油	295	229-256	140-191
石　　炭	3	12	31-45
天然ガス		0	4
自動車アルコール			1-3
木　　皮	36	36-38	1
森　　林	7	17	25
泥　　炭		0	1
太　陽　熱		0	1-3
廃棄物熱	2	3	3-4
水力発電	60	63	65
風力発電		0	0-1
原子力発電	22	48	56
原子力熱			9
合　　計	443	424-455	428-459
需要部門			
産　　業	154	170-185	175-190
交　　通	80	80-85	85
家　　庭	182	150-160	140-155
合　　計	416	400-430	400-430

出典：*Proposition* 1980/81: 90, p.110 より筆者作成。

表5-5 部門別電力供給・需要の予測　（単位：TWh）

供給源	1979年	1985年	1990年
水力	60.2	63	65
原子力	20.1	47	51
原子力熱			3
背圧	2.5	4	5-6
コンバインド発電			
石油	6.7	5	2
石炭等		1	7
石油	2.9		
ガスタービン	0.1		
風力			0-1
輸入	1.3		
合計	93.8	120	134
需要部門			
産業	40	47-53	53-59
運輸	2	2	3
家計	43	52-60	60-66
合計	85	109	122

出典：*Proposition* 1980/81：90, p.104, 274 より筆者作成。

ルギー政策案を議会に提出し，後に承認された（以下，これを「1981年エネルギー政策」と称する）。1981年エネルギー政策において，**表5-4，表5-5**に示すような1990年までのエネルギー需給および電力需給の目標値が掲げられた。最大の特徴は，1次エネルギー総供給に占める石油の比率を，1979年の67％から1990年には40％程度に下げるというところにある。第2次石油ショックの影響が強く残る1980年代初頭は，石油の枯渇とその価格上昇が依然として危惧されており，国内に化石燃料資源がないスウェーデンでは，とくに石油依存低減が重要な政策課題であった。

　石油依存低減の最大の手段は，石炭の増加と1985年まで6基が新たに稼働する原発である。石炭は，1979年の3TWhから1990年の31-45TWhと10倍近くの増加を見込んでいる。また部門としては，家庭部門における石油暖房から電気を利用した暖房への転換も有力な低減手段とされた。これは，建設

第5章　国民投票後のスウェーデンのエネルギー政策

中の原発がすべて稼働すると，しばらくのあいだは電力が余ることが予想されたので，余剰電力を活用することで石油依存を低減させることが可能であると判断されたからである。実際，図5-2で示したように，1982年くらいから地域熱供給では電力の利用が増え，一般家庭用の暖房においても電力による暖房が増えている（図5-3）。しかし表5-5が示すように，原発からの電力が増えている状況では，これは事実上「石油から原発への転換」になる，この1981年エネルギー政策に対してLöfstedtは，「石油依存度低下という目標にエネルギー政策全体が取り込まれた」という評価をくだしている（Löfstedt 1993, 77）。なお，1981年エネルギー政策において，1990年時点では，再生可能エネルギー等の水力，原子力以外の電源はほとんどなく，電力輸入も考慮されていない[7]。またこの時点では，2010年という原発廃棄の期限は，「猶予期間」が30年近くあるためか，問題となっていない。

　1981年末，社民党の議会に対する提案により，「エネルギー委員会」（Energikommitté）が設立された[8]。その目的は，1985年頃に予定されていたエネルギー政策決定に対して提言を行うためである。その報告書は，1984年に公表されることとされた（SOU 1984: 61）。

　1982年に実施された総選挙の結果，社民ブロックがブルジョアブロックから政権を奪還，社民党党首のオーロフ・パルメ（Olof Palme）が首相となったが，選出後の議会における最初の演説で，石油代替（石油依存低減）を原発廃棄に優先させると述べた（Sahr 1985, 129）。当時のスウェーデン経済は低迷していた。そのなかで，巨大な貿易赤字が問題視され，そして高い石油価格が貿易赤字の要因となっていたからである[9]。また1983年には，1977年に制定された，原子力条件法が廃止され，原子力関連の法律は原子力活動法（Lagen om kärntekniksverksamhet）に統合された。同法では，以前のように放射性廃棄物を「完全に安全に処理する」方法を事業者が提示しなくても原発の建設を認める一方，使用済み核燃料の再処理という選択肢は完全に放棄された。これらの経緯をみれば明らかなように，社民党政権も原発廃棄のた

107

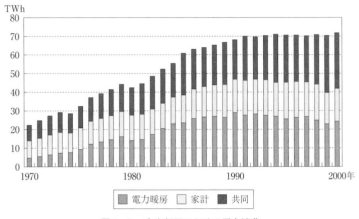

図5-3　家庭部門における電力消費
出典：Swedish Energy Agency（2007）より筆者作成。

めに積極的であったとはいいがたい。

その一方でパルメ首相は，原発を所管するエネルギー大臣として，後に2010年までの原発廃止に積極的に取り組むことになるビルギッタ・ダール（Birgitta Dahl）を指名する。そして，原発廃止と石油代替・保全の見通しを得ることを主たる目的として，エネルギー庁（Statens Energiverk）を設立した。

1985年，前述した1981エネルギー委員会の報告書等をふまえながら，議会は1995年に達成すべきエネルギーに関連した目標を決定した（1985年エネルギー決定）。おもな内容は，毎年のエネルギー需要は，拡大する産業部門の需要を減少する家庭部門で相殺し，全体としては増加させないこと，原発を2010年に廃棄するという目標の維持，代替エネルギーとしては石炭への転換はせず，長期的には省エネ，および天然ガスあるいは再生可能エネルギー発電によって代替することなどである（*Proposition* 1984/85: 120, pp. 179-196）。1981年エネルギー政策では，石油依存低減の手段として大規模な石炭への代替も考えられていたが，それが否定されたところに，この決定のひとつの特

徴がある。もともと，社民党は石炭の利用は大気汚染を悪化させると考え，その拡大に否定的であった。ただし，この1985年の決定は，国民投票時のLine 2における提案とかなりの程度一致しており，前述の石炭への代替の否定も，Line 2に記載されていたことであった。したがって，この決定により，2010年までの原発廃棄への道しるべとなるような政策が新たに示されたと評価することはできない。なお，ダール・エネルギー大臣は，水力発電をさらに増加させるべきと考えていた（Löfstedt 1993, 80）。

　こうした動きに反応して，1980年代半ばになると，電力の最大需要家である産業界，とりわけ紙パルプ産業等の重厚長大産業は，原発を当初の期限とされた2010年を超えて存続させるべきと主張するようになる。

（2）チェルノブイリ原発事故後の状況
①チェルノブイリ原発事故の影響

　1986年4月26日に発生した（旧ソ連ウクライナ共和国）チェルノブイリ原発事故は，スウェーデンにおける前述のような，原発に対して興味を失った状況を，一時的にではあるが変えた。事故の影響を「西側」で最初に検知したのはスウェーデンであり，また一部の農作物などが影響を受けたこともあり，事故直後は原発反対派が大幅に増えた。表5-6は，事故直後の1986年5月，事故後の86年11月，87年11月に原発廃棄について行ったアンケート調査をまとめたものである。これをみると，原発事故直後の86年5月には2010年以前の廃棄に賛成が58％であったが，87年11月には，少なくとも2010年以前に廃棄は半分に減少，その一方2010年以降の原発稼働の支持は10ポイント近く増えている。それでも，2010年までに廃棄の支持は約60％あり，この時点では2010年の廃止目標撤廃支持派が多数となったわけではない。別の世論調査によると，チェルノブイリ事故からしばらくすると，原発廃棄派が減少，廃棄延期は増加していくが，両者が拮抗するのは2000年前後で，それまでは2010年までの原発廃棄が多数派であった（Michanek and Soderholm 2009, 4088）。

表5-6　原発廃棄に関するアンケート結果
(単位：%)

調査時期	1986年5月	1986年11月	1987年11月
2010年以前の廃棄	58	41	28
2010年に廃棄	25	27	34
2010年以降の廃棄(1)	17	29	26
わからない	0	3	12

注(1)：廃棄しないを含む。
出典：Löfstedt (1993, 83).

　ダール・エネルギー大臣は，チェルノブイリ事故を契機にして，原発に対するスタンスを明確にした。[10]チェルノブイリ事故以前から，反原発キャンペーンを行っていた運動指導者と原発を廃棄する最も望ましい手段について新聞紙上で議論するなど，原発廃棄に積極的とみなされていたが，事故後は，2010年原発廃止目標を早期に達成するために努力するようになる。1986年10月には，エネルギー需要全体を抑制し，とくに家庭暖房において再生可能エネルギー（バイオマス）への転換を進める提案を行った（Dahl 1986a, 1986b）。原発に対して批判的な世論を背景にしたダール大臣のイニシアティブもあり，1988年には翌年からの電力税の増税が決定された。[11]

　また，1987年に原子力活動法を改正し，原発の新規建設およびそのための準備を明確に禁止した。これはあくまでも「発電施設の新規建設禁止」であり，原発技術の研究や輸出を禁止したものではなかったが，そのように解釈されることもあり，それが原発の安全という観点から批判されることもあった。すなわち，原発は新規の建設が禁止され，既設のものも2010年までしか稼働されない「斜陽産業」になってしまうので，若い研究者が集まらず，新たな技術開発も行われにくくなり，それが廃炉等の研究開発に対しても悪影響を及ぼすのではないかということである。[12]この種の批判が，原発廃棄という方向性自体を問題とする声をより大きくした可能性もある。

　そして翌1988年には，全12基の原子炉のうち，1995年にバルセベック原発から1基，1996年にリングハルス原発から1基閉鎖するというエネルギー政

策案が議会で決定された（Proposition 1987/88: 90, p. 5）。しかし，原子炉2基の早期閉鎖が現実化したことで，穏健党や産業界，そして社民党最大の支持母体である労働組合からの反対は，非常に強くなっていく[13]。

②地球温暖化問題の争点化

1980年代後半になると，ヨーロッパ，アメリカで異常気象が相次いだことが契機となって，多くの先進国で気候変動（地球温暖化）対策が，単に環境問題にとどまらない，重要な政策課題となった。気候変動問題を議論した1986年の「トロント会議」において，2005年までに二酸化炭素（CO_2）の排出を20%削減するという合意がなされたのを受け，それを反映する形で1988年には，議会で CO_2 排出量を現状レベルに安定化するという法律が制定された[14]（Proposition 1990/91: 88, p. 16）。その後スウェーデンでは1991年には，化石燃料使用削減を目的として，化石燃料に対して課税を行う炭素税が導入される。この炭素税によって，先に問題となった，地域熱供給のエネルギー源は，バイオマスへの転換が大幅に進むことになる。ただし，すでに炭素税導入前から地域熱供給に関しては，バイオマスへの燃料転換は行われており，炭素税の導入はそれを「加速化した」といった方が正確である（伊藤 2008）。

しかし地球温暖化問題の重視は，原発廃棄という点からすれば，大きな制約となった。原発の代替電源という観点からみれば，少なくとも短期・中期的には，天然ガス火力への転換が最も現実的であり，実際1985年には上述のように，天然ガスによる代替を中心とするという方向性が決定されている。しかし天然ガスの燃焼は，化石燃料のなかでは相対的に少ないとはいえ CO_2 を排出する。地球温暖化防止が重要な政策課題となった以上，それへの大規模転換を選択肢とすることは，政治的に極めて困難な状況になってしまったのである[15]。実際，スウェーデンでは，その後天然ガス火力発電が普及することはなかった。

③帰結

　厳しい状況にあっても，ダール・エネルギー大臣は，2基の原子炉を前倒ししして廃炉にすることにこだわったが，それに対する，社民党の支持団体である労働組合や，社民党内部からの反対は，強まるばかりであった。そして遂に1990年1月，エネルギー大臣と環境大臣を兼任し，地球温暖化対策と原発廃棄に関する「ジレンマ」に陥ったダールに代わり，原発早期廃棄に反対の立場であるルネ・モリーン（Rune Molin）が新たにエネルギー大臣に任命された。ダールは，環境大臣のみの担当となった。

　1990年，エネルギー大臣を交代させた社民党は1988年の決定を取り下げ，1995～96年には2基の原子炉前倒し停止を行わないことを決めた。最終的に，バルセベック原発の2基の原子炉が1999年と2006年にそれぞれ1基ずつ停止されることになるので，脱原発への道筋がまったくつけられなかったということはない。しかし，少なくとも1980年代には，2010年までの原発廃棄への道筋をつけるような政策手段を導入することは，ほとんどできなかった。その意味で，ダール・エネルギー大臣の解任・原発継続派大臣の就任は，この時期の象徴的な出来事であった。

　1991年，社民党，自由党，中央党の3党のあいだで，1995～96年のあいだには原発廃棄を開始しないこと，そして「経済・雇用に負の影響を及ぼさないかぎり，2010年に原発を廃棄すること」といった内容で合意がなされた（*Proposition* 1990/91: 88, p.6）。明確に示されたわけではないが，事実上2010年の原発廃棄の期限は撤廃されたと考えざるを得ない。

5　脱原発のための具体的政策

（1）　エネルギー関連研究・技術開発

　総発電量の3割近くを占める電源を廃止しようとするわけであるから，新たな電源の開発は不可欠である。1980年当時は，ほとんど普及していなかっ

た代替エネルギー開発のために，スウェーデン政府は多額の予算を講じた。図5-4は，その推移を示したものである。国民投票直後の1980年から82年にかけて最も額が大きいのは，再生可能エネルギーとエネルギー効率改善（省エネ）に関する研究で，ほぼ同額の予算が計上されている。再生可能エネルギー関連は1983年，省エネ関連は1985年をピークにして，研究開発支出は，徐々に減少していく。研究開発支出が十分かどうかを判断することは容易ではないが，少なくとも対GDP比率で日本と比較しても大きかった（表5-7）。

これらのデータをみると，少なくとも研究開発段階においては，再生可能エネルギー技術に対して，それなりの支援が行われたといってよいだろう。しかし，再生可能エネルギーの市場化を促進するようなタイプの支援は，十分に行われなかった。たとえば，再生可能エネルギーによる発電施設の設置に対する投資補助金制度が導入されたのは，1991年のことである[17]。

また，エネルギー政策の大きな方向性という問題ではなく，文字どおり技術的な問題になるが，再生可能エネルギーに関する研究開発・技術開発の方向性が適切でなかった可能性もある。Åstrand and Neiji（2006）は，スウェーデンで行われた風力発電に関連した研究開発投資について，大規模なものに集中しすぎたと述べている。隣国デンマークは，風力発電の比率を1990年代以降飛躍的に高め，2000年の設備容量は2341 MWに達した。それに対し，スウェーデンでは265 MWと，顕著なちがいがある（Åstrand and Neiji 2006, 277）。自然エネルギーは，地理的条件による制約が非常に強いので，普及しなかったからといって，政策手段などに問題があったとは必ずしもいえない。また研究・技術開発は不確実性が大きい。しかし，両国ともほぼ風力発電が存在していない状況から，十数年後に普及率に大きなちがいが発生したことを考えると，スウェーデンにおける研究開発の方向性あるいは政策手段の適切性に疑問を呈せざるを得ない[18]。

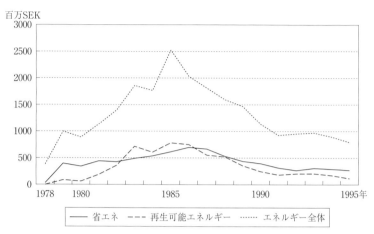

図5-4 政府によるエネルギー関連R&D支出の推移

注:2010年価格。
出典:IEAデータベースより筆者作成。

表5-7 政府エネルギー関連RD支出のGDP比率
(単位:%)

		1980	1985	1990
スウェーデン	省エネ	0.0288	0.0213	0.0126
	再エネ	0.0327	0.0172	0.0075
日 本	省エネ	0.0028	0.0009	0.0001
	再エネ	0.0082	0.0051	0.0031

出典:Swedish Energy Agency (2007), IEAデータベースより筆者推計。

(2) 電力需要抑制策

電力需要を抑制するためには,技術開発による効率性向上だけでなく,電力需要自体を抑制する必要があり,それには電力価格が大きな影響を与える。

スウェーデンの電力価格は,一貫して国際的にみても低い水準に留められていた(NUTEK, 1995)。これは,スウェーデンにおいては,数十年前に開発され,もはや費用回収が終了した水力発電の比率が高かったので,費用を低く電力価格を安く抑えることが可能であったことと,上記のように電力価格

第5章　国民投票後のスウェーデンのエネルギー政策

は1992年1月まで，ヴァッテンファルが決定する電力価格の影響を強く受けていたことによる。紙・パルプ産業や鉄鋼業など，重厚長大産業が重要な輸出産業であったため，電力価格を政策的に低く維持していたのである。こうした状況下では，電力需要を抑制する政策手段を打ち出すことは困難であった。そもそも，1980年の国民投票後に6基の原発稼働が決定されるなど，電力供給・消費の増大が前提とされていたのである。

　図5-5，図5-6は，1970年代からの電力価格と電力税の推移を示したものである。電力税は1984年に一度引き上げられたものの，税を含めた電力価格は実質価格でみると，それほど上昇していない。電力価格が低い状況は，1988年まで続いた。スウェーデンにおいては，エネルギー価格を上昇させることにより，その需要を抑制するということが，1980年代前半から議論されていた。たとえば，「エネルギー税制に関する調査委員会」(Energiskattekonlmittén) の報告書SOU (1982: 16) において，エネルギー関連税の増税による石油依存低下に関する提言がなされた。そこでは，価格インセンティブ効果によって環境負荷を低減するという政策手段である環境税導入の萌芽がみられる。ただし電力に関しては，この時点では発電方法による税の差別化は提案されたものの税による需要抑制までは踏み込んでいない。1984年に公表された，1981年に設立されたエネルギー委員会の最終報告書では，電力税を電力需要を抑制する手段としての可能性についてふれている (SOU 1984: 61)。しかしそれらの提言がすぐに政策に反映されることはなく，電力価格は低い水準に留められ続けた。

　電力価格が（人為的に）上昇するのは，1980年代後半以降である。1987年に公表された「電力利用委員会」(Elanvändningsbelegationen) の報告書SOU (1987: 68) において，価格インセンティブ効果の観点から電力価格の上昇，電力税の増税が提言された。1989年から91年にかけて，ヴァッテンファルは投資収益向上という観点から販売する電力価格を毎年5％程度引き上げることを決定し (*Proposition* 1987/88: 87; Löfstedt 1993, 14)，電力税率も上げた。

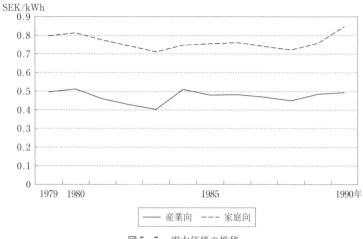

図5-5 電力価格の推移

注:税込み2005年価格。
出典:Swedish Energy Agency (2007), OECD データベースより推計。

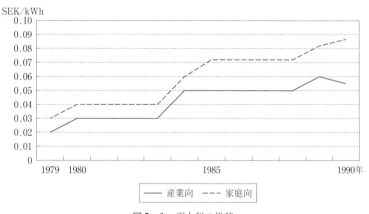

図5-6 電力税の推移

出典:IEA データベースより筆者作成。

税率上昇直後は電力需要の傾向に変化はなかったが，1990年代以降，電力需要は産業部門，家庭部門とも抑制されている。電力需要は電力価格だけでなく，景気の影響を強く受けるので，付加価値当たりの電力消費量をみてみる

第5章 国民投票後のスウェーデンのエネルギー政策

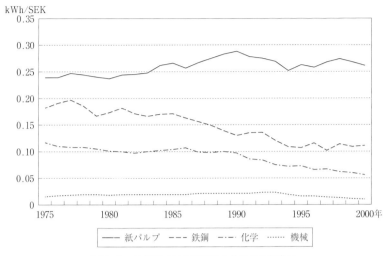

図5-7 製造業の付加価値当たりの電力消費量

注:付加価値は,1991年価格。
出典:Swedish Energy Agency (2007) より筆者作成。

と,図5-7が示すように,これも低下傾向にある。ただし,この電力需要の減少は,さまざまな要因が考えられるので,総合的な検討が必要である。[19]

いずれにせよ,具体的な政策手段として電力需要の抑制が明確に意図されたのは,国民投票から10年近くが過ぎてからのことである。

6 脱原発のための施策は十分だったのか

1980年の国民投票後,原発廃棄に向けた政策を実施するのは,そもそも技術的に困難であること,ほかの政策との調整が必要であること,原発廃棄を求める議員が多数派ではなかったこと,1982年に政権に復帰した社民党の支持母体である労働組合も原発廃棄には反対が強かったという状況を考えれば,極めて困難であった。1980年代に,省エネ関連技術や再生可能エネルギーに関する研究開発については,一時的にそれなりの予算措置は講じられた。し

かし少なくとも1988年までは，電力需要あるいはエネルギー需要一般を抑制するような政策は，多少議論はされたものの，スウェーデンにおいて導入されなかった。したがって，発電量のかなりの割合を占める電源を廃止するという野心的な目標を達成するには，十分な政策が講じられたとはいえない。また，ダール・エネルギー大臣は，原発廃棄前倒しに尽力し，社民党のスタンスにも大きな影響を与えたが，これは組織的というよりも，個人のキャラクターに依存した部分が大きかったと思われる。

その一方，石油代替／低減が国民投票直後からエネルギー政策の最重要課題とされ，さらに1980年代末には地球温暖化への対応が重要な政策課題となった。前者は省エネの必要性という点，後者は環境問題への対応という点で，脱原子力のための対策を実施するのにプラスに作用する可能性があったが，実際には逆に作用した。すなわち，石油依存の低下が必要という事実は，広い意味での省エネ推進には結びつかず，むしろ家庭用暖房分野において，原発が拡大するなかでの石油から電力への代替という形で，一時的に原子力への依存を高めることにつながった。また，地球温暖化問題への対応が必要という認識が国レベルで高まったことで，最も現実的な代替電源である天然ガス発電への転換が，CO_2を排出するという理由から事実上不可能になった。

これらの事実は，政策の枠組みの設定が適切でないと，近接領域において政策推進に有利になる可能性がある状況が発生しても，それが不利に働いてしまうことがあり得るということを示している。石油依存の低減という課題を，電力（原発）への代替によってではなく，省エネの推進という枠組みでとらえ，石油だけでなく電力も削減の対象という枠組みにすることができたならば，2010年までの原発廃棄は不可能という結果は変わらなかったにしても，もう少しちがう展開があり得たかもしれない。

もちろん，家庭暖房分野における石油から電力への代替は，国民投票後にも原発が計6基新規稼働し，少なくとも1980年代半ばまでは電力に余裕があったこと，それまでスウェーデンの電力価格は，国際的にみても非常に低い

水準に抑えられていたため、そしてスウェーデンでは紙・パルプ産業等の重厚長大産業が国民経済において大きな比重を占めていたため、電力消費を抑制するという発想がとりにくかったことなど、電力消費を抑制するための政策手段を導入するのは難しい環境にあったことは事実であろう。しかし逆にいえば、それは電力価格を上昇させる余地があったということを意味している。また上述のように、スウェーデンは価格インセンティブ効果によって化石燃料の使用を抑制することを目的とした炭素税を、世界で最も早く導入した国のひとつである。エネルギー需要を価格でコントロールすることの有効性を、80年代半ばには政策当局が十分に理解していたと思われるにもかかわらず、初期の段階で電力需要を抑制しようとしなかった（できなかった）ことが、当初の目標（に近い水準）を達成できなかった大きな要因のひとつといえよう。

　本章では、検討の範囲を1980年代のエネルギー政策に限定した。しかし、その限られた時期についても、詳細が明らかにされていないことも多い。またそれ以降も原発廃棄に影響を与える事項が発生する。たとえば、1990年代にはいると、電力自由化がスウェーデンのエネルギー政策における大きな課題となっていく。電力自由化の進展のなかで、政府は原発をどのように位置づけようとしたのか、そしてそれは（もはや実現性が極めて低いと認識されるようになってしまったが）原発廃棄という目標に対してどのような影響を与えたのかということは、重要な論点である。逆に、1990年代以降も原発をどうするかという点についての不確実性が高いことが、再生可能エネルギーの技術開発や普及に悪影響を与えたという指摘もある（Wang 2006）。これらの点については、あらためて別稿にて詳細に論じることとしたい。

注
（1）　国民投票前後の経緯について検討した日本語文献としては、友次（2005），中嶋（2012），中嶋（2013），渡辺（2014）等がある。とくに中嶋（2012），中嶋（2013）は，

文献調査だけでなく，関係者へのヒアリングも行っている。
(2) Swedish Energy Agency（2007）より筆者推計。
(3) 自由化以前のスウェーデンの電力供給体制については，おもに *Proposition,* 1987/88: 90, pp. 89-101, Hjalmarsson（1995）を参考にしている。
(4) 地域独占企業であっても，他地域における優良企業との料金等サービスの比較に基づいて行われる競争。
(5) 本節における国民投票までのスウェーデンのエネルギー政策をめぐる状況については，友次（2005），中嶋（2012），中嶋（2013）をおもに参考にしている。
(6) その理由については，社民党が穏健党と同じ選択肢を選びたくなかった，あるいは原発反対派が優勢な中で，反対派の票を割るために Line 2 が加えられたなど，さまざまな推測がなされている。Sarh（1985）参照。国民投票の3つの選択肢については，Sarh（1985, 189-190）参照。
(7) 小国が多いヨーロッパ，とくにスカンジナビア諸国においては，他国との電力の融通は一般的に行われてきた。スウェーデンも，そのためのインフラを整備しているが，原発の代替手段として他国からの電力輸入を大規模に行うことは想定しておらず，実際に行われなかった。
(8) スウェーデンにおいて，政府が新たに政策を立案する際には，議員，官僚，学識経験者および利害関係者からなる「調査委員会」をつくって，議論を行うのが一般的である。議員が委員となるのは，政治的に対立している問題を扱う場合が多く，その人数は，議会での議席に比例して選ばれる。議論が大きく分かれる問題でなければ，調査委員会の構成員が1人だけとされることもある。ただしその場合でも，多数の「調査スタッフ」が存在している。結果に関する報告書（Statens Offentliga Utredning: SOU）は公表され，広く国民各層に対して意見を求め，必要があれば修正の後，議会に送られる。この一連の手続を「レミス制度」と称し，スウェーデンの政策決定プロセスの大きな特徴のひとつとされている。この後も，エネルギー委員会はスウェーデンのエネルギー政策策定に関し，重要な役割を果たすことになる。
(9) これは政治的にそのように「認識されていた」ということであり，マクロ経済学的に貿易収支の赤字が経済停滞の要因になるかどうかということとは，別問題である。
(10) ダールは，1986年2月に環境大臣も兼任することになるが，これはパルメ首相が2月に暗殺され，環境大臣であったカールソン（Carlsson）が首相に指名されたことによる後任人事であった。
(11) 詳細は第5節（2）を参照。また，これまでエネルギーには課されていなかった付加価値税の賦課も検討され，1990年から家庭向けのエネルギーに対しては付加価値税が課されるようになった。
(12) 2006年，そのような「誤解」がないように原子力活動法は改正されることになる。
(13) チェルノブイリ事故後，政府は「提案2000」（Uppdag 2000）というプロジェクトを立ち上げ，原発廃棄の影響，省エネや再生可能エネルギーの可能性について，大規模な調査を行い，再生可能エネルギーの多くが研究段階であり，原発の廃棄は電力価

格を大幅に上昇させるという結果が得られた。このプロジェクトも（半ば予想されたことではあったが）原発前倒し廃棄に対する反発を強めたと思われる。
(14) この法案の提出者が原発の早期廃棄に反対であったことから，原発廃棄を不可能にするためにこの法案を提出したという推測を行う者もいる。Löfstedt (1993, 85-86) 参照。
(15) ダールは，地球温暖化問題よりも原発廃棄の方が，重要度が高いと判断していた (Löfstedt 1993, 85-86)。多くの環境保護団体は，原発廃棄と地球温暖化対策のどちらを重視するかで悩むことになる。
(16) ダールが一部原子炉の「前倒し廃炉」にこだわったのは，1988年の選挙では環境問題に関心をもつ国民の比率が非常に高かったことから，1991年の選挙を意識したからという推測がある。ただし，ダール本人はそれを否定しているとのことである。Löfstedt (1993, 86-87) 参照。
(17) Åstrand and Neiji (2006) 等参照。ただし設備投資補助金のようなタイプの助成措置，すなわち実際の発電量に無関係な助成措置が，再生可能エネルギーの普及，あるいは再生可能エネルギー関連技術開発へのインセンティヴ付与に対して効果的であるかどうかは，別問題である。
(18) スウェーデンにおける風力発電に関する技術開発・普及政策の問題点については，Åstrand and Neiji (2006) が詳細に分析している。
(19) 1993年以降，電力税は産業部門に対しては課されなくなったので，電力価格は再び低下した。しかし1991年に導入された炭素税も，製造業については，93年に軽減措置がとられ，エネルギー税との合計では化石燃料を利用した場合の負担は減少することになった。その結果として，電力から石油への代替が進んだ可能性がある。Carlsson and Hammar (1996) は，スウェーデン国内の27社に対する聞き取り調査を行ったが，1992年から94年にかけて大幅にCO_2の排出が増えている原因として，この時期に電力から石油へのエネルギー代替を行った企業の存在を挙げている。

参考文献
伊藤康 (2008)「環境税とイノベーション——スウェーデンの事例からの考察」『研究 技術 計画』23(3)：194-200。
友次晋介 (2005)「スウェーデンの政党政治と脱原子力政策の歴史的展開」『北ヨーロッパ研究』(2)：45-55。
中嶋瑞枝 (2012)「スウェーデンの原子力政策——その変遷及び政府・政党の政策への地球温暖化問題の影響（前篇）」『北欧史研究』(29)：46-68。
中嶋瑞枝 (2013)「スウェーデンの原子力政策——その変遷及び政府・政党の政策への地球温暖化問題の影響（後編）」『北欧史研究』(30)：40-56。
渡辺博昭 (2014)「政党主導——スウェーデン」本田宏・堀江孝司編『脱原発の比較政治学』法政大学出版局，171-189。
Carlsson, Andreas and Hammar, Henrik (1996) *Energiskatters påverkan på industrins*

koldioxidoch svavelutsläpp, Vänersborg Älvsborgs County Council, Planning and Environment, Department. Central Bureau of Statistics, Norway.

Dahl, Birgitta (1986a) All ny el blir dyrare, *Dagens Nyheter*, March 14, 1986.

Dahl, Birgitta (1986b) Dags att vända utvecklingen, *Dagens Nyheter*, October 2, 1986.

Elanvändningskommitten (ELAK) 1980: 05, El och olja, in *Proposition* 1980/81: 90, 279-324.

Gilbert, Richard J. and Edward P. Kahn (eds.) (1995) *International comparisons of electricity regulations*, New York: Cambridge University Press.

Hjalmarsson, Lennart (1995) "From club-regulation to market competition in the Scandinavian electricity," in Gilbert and Kahn (eds.) 126-178.

Jasper, James M. (1990) *Nuclear politics: Energy and the state in the United States, Sweden and France*, Princeton: Princeton University Press.

Löfstedt, Ragnar E. (1993) *Dilemma of Swedish energy policy,: Implications for international policy makers*. Avebury Studies in Green Research.

Michanek, Gabriel and Patrik, Soderholm (2009) "Licensing of nuclear power plants: The case of Sweden in an international comparison", *Energy Policy*, 37: 4086-4097.

NUTEK (1995) *Svenska Elmarknad*.

Riksdagen, *Proposition* 1979/80: 70.

Riksdagen, *Proposition* 1980/81: 90.

Riksdagen, *Proposition* 1984/85: 120.

Riksdagen, *Proposition* 1987/88: 87.

Riksdagen, *Proposition* 1987/88: 90.

Riksdagen, *Proposition* 1990/91: 88.

Sahr, Robert (1985) *The politics of energy policy change in Sweden*, Ann Arbor: University of Michigan Press.

Statens Offentliga Utredningar (SOU) 1980: 35, *Energi i utveckling-Program för forskning, utveckling och demonstration inom energiområdet 1981/82-1983/84* (*EFUD 81*), Stockholm: Liber Förlag.

Statens Offentliga Utredningar (SOU) 1982: 16, *Skatt på energy*, Stockholm: Liber Förlag.

Statens Offentliga Utredningar (SOU) 1984: 61, *I stället för kärnkraft, Betänkande av L.981 års energikommitté*, Stockholm: Liber Förlag.

Statens Offentliga Utredningar (SOU) 1985: 139, *Omställning av energisystemet*, Stockholm: Fritzes.

Statens Offentliga Utredningar (SOU) 1987: 68, *Elhushållning på 1990-talet*, Stockholm: Liber Förlag.

Swedish Energy Agency (2007) *Energy Statistics in Sweden*.

Wang, Yan (2006) "Renewable electricity in Sweden: an analysis of policy and regulation", *Energy Policy*, 34: 1209-1220.

Åstrand, K and L. Neiji, (2006) "An assessment of governmental wind power programs in Sweden-using a system approach", *Energy Policy*, 34: 277-296.

第6章

環境課徴金制度の挫折
——オランダのミネラル会計制度の場合——

西澤栄一郎

1 先駆的な経済的手法はなぜ成功しなかったのか

　オランダはドイツ，デンマークと並び，1980年代から1990年代に欧州連合（EU）の環境政策を牽引してきた（Andersen and Liefferink 1997）。また，同国の環境政策では，税・課徴金をはじめとする経済的手法が積極的に使われている。排水課徴金は成功したと評価され（諸富・岡 1999），環境税制改革は個別・選別的環境税から全般的環境税制へ発展し，税体系全体に環境の視点を取り入れているとされている（藤田 2001）。

　しかし，家畜飼養密度が高いオランダでは家畜糞尿のもたらす環境への影響は大きく，その対策は困難を極めている。その政策のひとつとしてミネラル会計制度（Mineralenaangiftesysteem: MINAS）が1998年に導入された。この制度をごく簡単に述べると，農業者は，農場への投入物としての窒素・リン酸と，農場からの産出物としての窒素・リン酸を記録することが義務づけられる。投入物としては，肥料，飼料，家畜，厩肥などがあり，産出物としては，農産物と家畜糞尿がある。投入量と産出量の差をミネラル（窒素とリン酸）の損失量（loss）と呼び，環境への負荷とみなしている。この損失量に許容上限値として損失基準量が定められており，損失量がこれを上回った場合，農場は課徴金を支払わなければならない。

　MINASは課徴金を用いて農場における窒素とリン酸のコントロールをめ

ざす経済的手法であり，他国にはみられないユニークな政策である。窒素やリン酸の投入量よりも環境への負荷量に近い損失量をコントロールしようというMINASの方が肥料や糞尿の施用量を規制するよりも合理的なようにも思えるが，2005年の末に廃止された。EUのなかで環境先進国とみなされてきたオランダで先駆的に導入された政策手法が成功しなかったのはなぜであろうか。本章ではこの問いについて答えることを目的とする。

MINASが廃止された直接のきっかけは，農業からの窒素排出対策を加盟国に義務づけた，EUの硝酸塩指令（EEC 1991）にMINASが準拠していないという判断を2003年10月に欧州裁判所が示したことだったが，多くの問題を抱えていたことも事実だった。

本章では，オランダの家畜糞尿問題とその政策の変遷を概観したあと，MINASの仕組みについて述べる。そして，EUの硝酸塩指令について説明し，欧州委員会とオランダ政府とのMINASをめぐる攻防を記す。さらに，制度導入前の農業者の抵抗と運用上の問題点を指摘し，最後にまとめを行う。

2　オランダにおける家畜糞尿の問題

(1)　オランダ農業の概要

オランダの面積は4万1500平方キロメートルで，九州とほぼ同じである。人口は1690万人（2015年）で，九州より3割ほど多い。国土の4分の1は海面より低く，平坦な土地が広がっていることもあり，水面を除いた土地で計算すると，国土の55％が農地として使われている（2012年; CBS, Statline）。農地面積184万ヘクタールの内訳は，草地54％，耕種・飼料作物41％，園芸・永年性作物5％となっていて，大半が牧草地である。

農業の地域的差異は，土壌の種類におおむね関連づけることができる。北部と西部は粘土または泥炭土壌が，東部と南部は砂質またはレス土壌がおもに広がっている。粘土土壌では耕種と酪農，泥炭土壌では酪農と植木，砂質

およびレス土壌では酪農と豚や家禽などを飼養する集約的畜産がそれぞれ多くみられる（Oenema and Berentsen 2005）。

2012年の農場数は6万8800で，1980年からの30年強で50％以上減少している。農業就業者数は19万9000人で，全就業者の2.3％を占めている（CBS, Statline）。2015年の農業粗生産額は235.2億ユーロで，そのうち畜産が45.1％を占めている。畜産物のなかでは牛乳が46億ユーロと最大で，豚肉，牛肉，家禽肉，卵の順になっている（European Union 2016）。

オランダ農業の特徴のひとつに，輸出が盛んなことが挙げられる。2015年の農産物輸出額は813億ユーロで，オランダはアメリカ合衆国に次ぐ世界第2位の農産物輸出国である。畜産物（肉類および乳製品）の輸出額は148億ユーロに上っている（CBS 2016）。

（2）　農業の環境負荷

農業の環境への影響は，正負両面がある。正の影響は多面的機能，負の影響は環境負荷ととらえることができる。日本では地下水涵養や大気調節といった農業の多面的機能が強調されているきらいがあるが，ヨーロッパでは産業公害が社会問題となった1960年代から，化学肥料や農薬の多投による水質汚染や，大規模化や集約化にともなう景観の変化と生物多様性の低下など，農業の環境負荷が指摘されてきた。

なかでも，農業起源の水質汚染は工業からのそれとは性格が異なる。工場からの汚染物質は排水口から出てくるので排出源が特定できるが，農地からの汚染物質は排出源が特定できず，排出時に捕捉できない。また，水系への流出量も測定できない。工場など排出源が特定できるものを点源汚染源，農地や市街地など排出源を特定できないものを面源汚染源と呼ぶ。面源はその性質上，排水規制を導入するのが困難なため，対策は啓発や流出を削減する取組に対する補助金が中心となるが，その取組の効果も土壌や気候，営農方法などにより変動が大きい。このため，点源への対策は着実に行われ排出量

が低下する一方で，面源からの削減はそれほど進まず，面源の負荷が相対的に大きくなっている。

　農業からの汚染物質の代表的なものが，窒素（N）とリン（P）である。これらは作物には養分であり，不可欠な元素だが，過剰に農地に施用されれば作物に吸収されないものの一部が水系へ流出し，富栄養化をひきおこす。また，硝酸性窒素は地下水の汚染物質である。オランダでは，飲用水の約3分の2を地下水に頼っている。2009年の時点での水系への排出量の部門別寄与度をみると，窒素では農業が61％，下水処理場が24％，大気からの降下が7％，リンでは農業が54％，下水処理場が40％と，いずれも農業が過半を占めている（van Boekel et al. 2013）。

（3）　家畜糞尿の環境への影響

　かつて家畜の糞尿は作物栽培のための貴重な養分供給源だった。作物栽培と家畜の飼養を両方手がける有畜複合経営が一般的だったときは，収穫された作物の一部が家畜の飼料となり，家畜の糞尿が厩肥として使われることで物質循環が成り立っていた。しかし，化学肥料が登場すると，水分が多くてかさばる糞尿よりも，安価で農地に施用しやすく養分量がはっきりしている化学肥料の方が好まれるようになった。飼料にしても安価なものが購入できるようになった。こうしたこともあって，畜産と作物栽培の分化（専業化）と農場当たりの飼養頭数の増大がすすみ，糞尿の処理が問題となってきた。家畜糞尿は悪臭や重金属なども環境へ悪影響をもたらすが，主要な問題は，糞尿中の窒素とリンが環境へ排出されることである。

　オランダは家畜糞尿問題が最も深刻な国のひとつである。表6-1に，オランダ，面積が近い九州，それに日本の家畜飼養頭羽数を掲げた。オランダでは日本全体より多くの牛・豚が飼養されており，鶏でも九州の飼養羽数を上回っている。家畜の環境負荷を示す指標に，家畜飼養密度がある。これは農地面積当たりの家畜単位（livestock unit: LU）を表すもので，表6-2のよ

第6章　環境課徴金制度の挫折

表6-1　飼養頭羽数（2014）
（単位：万頭・万羽）

	オランダ	九州	日本
牛	406.8	103.9	396.2
うち乳牛	287.8	11.8	139.5
肉牛	119.0	92.1	256.7
豚	1223.8	300.4	953.7
鶏	10303.9	9206.2	31055.3
うち採卵鶏	4812.4	2404.4	17480.6
ブロイラー	5491.5	6801.8	13574.7

出典：オランダはCBS, Statline, 日本は農林水産省, 畜産統計調査。

表6-2　家畜飼養密度（2013年）
（単位：LU/ha）

オランダ	3.57
マルタ	3.21
ベルギー	2.74
キプロス	1.60
デンマーク	1.58
ルクセンブルク	1.26
アイルランド	1.20
ドイツ	1.10
スロヴェニア	1.00
フランス	0.79
イタリア	0.77
イギリス	0.76
スペイン	0.62
（参考）日本	3.05

注：EU加盟国のうち、1LU/ha未満の国については主要国のみを掲げた。
出典：EU加盟国についてはEurostat, 日本については家畜頭羽数は畜産統計調査、農地面積は2015年世界農林業センサスによる筆者試算。

うに、オランダはEUで最も家畜飼養密度が高い。(1) 大まかにいって、1.5LU/haを超えていると、農地で作物が必要とする量を超える糞尿が発生している。ただし、表6-2の数値は国の平均値であり、この値が小さくても地域的あるいは農場単位では密度が高く、糞尿の処理が問題となっているところは多い。

　砂質土壌地域には、上述のように畜産経営が多い。砂質土壌は元来作物の生産性が低い。家畜糞尿の農地還元は肥沃度を高める効果があったことも、この地域に畜産業が集積した理由のひとつである（Tamminga and Wijnands 1991）。しかし、砂質土壌は水はけがよく、窒素やリンが溶脱しやすいため、家畜糞尿の環境影響がより深刻に現れることになった。

3　家畜糞尿政策の展開

　1960年代末には，家畜糞尿の農地への過剰な施用によって窒素が排出され，富栄養化が進むおそれがあると農学者が指摘した（Frouws 1997）。これを受けて1970年代には，環境団体が農業からの窒素とリンの排出を問題視しはじめた。1980年代にはいると，この問題に対する社会的・政治的関心がさらに高まり，硝酸塩濃度の増加は，農業，とくに家畜糞尿が主因だとする議論が出てきた。集約的畜産経営の多い東・南部で地下水の硝酸塩濃度が高いこと，豚・鶏の飼養頭数が増加していることがこうした主張を補強した。このような家畜糞尿の社会問題化は，環境問題一般が重要な政治的課題となっていたことも背景にある。

　こうして，政府は1980年代半ばから家畜糞尿政策を開始した。本節ではOECD（2007）に示されているように，政策の展開を4期に分け，簡潔にその歴史をたどる。

（1）　第1期（1984〜1990）

　最初の政策は，1984年11月に施行された養豚・養鶏規制暫定措置法（Interimwet beperking varkens- en pluimveehouderijen）である。この法律は，集約的経営が集中している東部および南部で養豚・養鶏経営を新たにはじめることを禁止し，既存農場での10％以上の飼養頭羽数の増加を認めないというものだった。しかし，東・南部でも10％までの規模拡大は可能であり，また，施行直前には畜産農場の設置申請が大量に出されたため，飼養頭羽数の増加に歯止めがかからなかった（Wossink 2004）。この法律の公表から3年間で豚は28％，鶏は16％以上増加した（Frouws 1997）。このため，1986年に土壌保全法（Wet bodembescherming）と糞尿法（Meststoffenwet）が制定され，翌年1月に施行されると，段階的に規制が実施された。

土壌保全法は土壌汚染全般を規制する法律である。これに基づき，家畜糞尿に関しては糞尿使用政令において，糞尿の施用量，施用期間および施用方法が定められた。まず，施用量は糞尿中のリン酸の量によって上限が作物別に設定された。

糞尿法は，家畜糞尿の発生を抑制するために，糞尿基準量制度を設けた。糞尿基準量が一定水準を上回る農場の規模拡大を禁じた。糞尿基準量は，1986年末の牛・豚・家禽の飼養頭羽数に，畜種ごとの1頭・羽当たりの年間リン酸排泄量をかけて計算された。これを農場の土地（所有地および6年以上借りていて登録済みのもの）で割った値が125 kg/haを超える農場は「糞尿余剰農場」に分類され，飼養頭羽数の増加が認められなくなった。

糞尿余剰農場には，余剰糞尿課徴金の支払いが求められた。単価は，リン酸生産量が125～200 kg/ha・年の場合，1キログラム当たり0.25ギルダー，それ以上の場合は0.50ギルダー/kgと遙増する。ただし，糞尿処理契約を結んだ場合，固形の鶏糞，糞尿が輸出される場合，それぞれ単価は0.15ギルダー/kgに割り引かれる（釘田・東郷 1996）。

（2）第2期（1991〜1997）

1991年以降，糞尿施用に関する規制が徐々に強化される一方で，1994年には生産糞尿移動法（Wet verplaatsing mestproductie）が施行され，糞尿生産権制度が導入された。これによって，これまでの糞尿基準量は糞尿生産権となり，1995年1月20日から糞尿生産権の所持が農場に義務づけられるとともに，家畜飼養頭羽数の増加が土地の移動をともなわずに，糞尿生産権の譲渡によって部分的ながら可能になった。

（3）第3期（1998〜2005）

この時期が，本章の対象とするミネラル会計制度（MINAS）が実施されていた期間である。それまでの糞尿余剰課徴金に代わってMINASに基づく課

徴金が導入された。また，豚と家禽は糞尿生産権制度からそれぞれ個別の生産権制度に切り替わるなど，部門別の対策もとられるようになった。

1998年9月に施行された養豚構造改革法（Wet herstructurering varkenshouderij）は，国全体のリン酸過剰量1.4万トンをなくすため，豚の頭数を25％削減するという計画を掲げた。環境対策が表向きの理由であるが，豚コレラの蔓延防止策という側面ももっていた。前年に発生した豚コレラは，集約化が被害を大きくしたという指摘がされたためである。豚に関して，これまでの糞尿生産権制度から，豚生産権制度に切り替えた。ただし，生産権の削減は農業者の強い反対を招き，国が提訴され，計画どおりには進まなかった。

1998年には，養鶏部門が依然として拡大傾向にあること，鶏糞の輸出がすすんでいないことが明らかになり，対策が必要であると判断された。このため，1998年11月時点の総羽数を上限とする家禽生産権制度が2001年から導入された。

(4) 第4期（2006～）

2006年からは，施用量基準を中心とした制度に変更された。窒素換算の糞尿施用量，窒素の総施用量，リン酸の総施用量の3つについて基準（上限）が設定され，基準値は徐々に厳しくなっている。豚生産権と家禽生産権制度は存続しているが，牛乳の生産調整によって牛の糞尿生産量がコントロールされているという理由で，おもに牛に対して適用されていた糞尿生産権制度は廃止された。

4 ミネラル会計制度（MINAS）

(1) 制度の概要

MINASでは，窒素とリン酸について産出量と投入量との差をミネラルの損失量（loss）と呼び，環境への負荷とみなしている。この損失量が一定水

第6章　環境課徴金制度の挫折

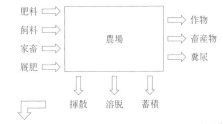

ミネラルの損失　これが許容量（基準量）を上回ると課徴金
窒素・リン酸が対象　1998-　2.5家畜単位／ha以上の農場
　　　　　　　　　　2001-　全農場

図6-1　MINAS（ミネラル会計制度）
出典：筆者作成。

準を上回った場合，農場は課徴金を支払わなければならない（表6-3）。この水準が損失基準量であり，農地面積当たりの損失量で規定されている（表6-4）。投入物としては肥料，飼料，家畜，家畜糞尿などがあり，産出物としては農産物と家畜糞尿がある。ただし，化学肥料に含まれるリン酸は制度の対象外である。

損失量は農場単位で計算される。したがって，農業者は，農場への投入物に含まれる窒素・リン酸と，農場からの産出物に含まれる窒素とリン酸の量を記録することが義務づけられるが，畜産農場が自己の農地に還元する糞尿など，農場内で循環する部分については記録・報告の義務がない。

この制度は，1998年初めから，1ヘクタール当たり2.5LU（家畜単位）以上の農場を対象として導入された。2000年からは2.0LU/ha以上の農場が，2001年からは実質的に全農場が対象となった。ただし，家畜数が3LU以下で農地面積が3ヘクタール以下，かつ糞尿起源のリン酸発生量が85kg/ha以下のごく小さい農場は対象外となっている。

なお，2003年の申告分から，糞尿起源の窒素発生量が170kg/ha以下で，窒素とリン酸のいずれについても課徴金支払いの必要がない場合は申告が免除されることになった（CBS 2007）。

133

表6-3　MINASの課徴金

(単位:ユーロ/kg. ( )内はギルダー/kg)

年	リン酸		窒素	
	10kg/ha まで	10kg/ha 以上	40kg/ha まで	40kg/ha 以上
1998~99	1.13(2.50)	4.54(10)	0.68(1.50)	0.68(1.50)
2000~01	2.27(5　)	9.08(20)	0.68(1.50)	0.68(1.50)
2002	9(20　)	9(20)	1.15(2.50)	2.30(5　)
2003~	9(20　)	9(20)	2.30(5　)	2.30(5　)

出典:Ministry of Agriculture, Nature Management and Fisheries (2001).

表6-4　MINASの損失基準量

(単位:kg/ha)

年	リン酸		窒素				
	耕地	草地	耕地			草地	
			粘土・泥炭	乾燥砂地・レス	その他	乾燥砂地・レス	その他
1998~99	40	40	175	175	175	300	300
2000	35	35	150	150	150	275	275
2001	35	35	150	125	125	250	250
2002~2003	30	25	150	100	110	190	220
2004	25	20	135	80	100	160	180
2005	20	20	125	80	100	140	180

出典:Grinsven et al. (2005).

(2)　制度の特徴

オランダ政府は，MINASの特徴として以下のような点を挙げている（Ministry of Agriculture, Nature Management and Fisheries 2001)。

①窒素の直接的なコントロール

　これまでの家畜糞尿に対する量的規制は，リン酸に関してのみ定められていた。これは，窒素がアンモニアとして，または脱窒によって大気に揮散するため，量的把握が難しいという理由からだった。リン酸は土壌中で安定しており，糞尿中の窒素とリン酸の比率はさほど変動しないので，リ

ン酸の規制で間接的に窒素をコントロールできると考えられた。MINASにおいて初めて窒素の量を直接規制しようとした。

②施用量ではなく，収支のコントロール

EUの硝酸塩指令は窒素の施用量を規制するよう求めているが，MINASは窒素とリン酸の損失を一定水準に抑えようという，収支をコントロールする仕組みである。環境への負荷は施用量で決まるわけではなく，作物吸収量が多ければそれに応じて施用量を増やせる。オランダでは牧草の生育がよく，硝酸塩指令の施用量基準では牧草には不十分な場合があると農業者が主張した。オランダ政府は施用量基準より合理的な制度としてMINASを採用した。

③窒素・リン酸全体のコントロール

硝酸塩指令は糞尿からの窒素投入量と糞尿と化学肥料を合わせた窒素投入量のふたつの上限を設定することを加盟国に求めているが，MINASは糞尿だけでなく，化学肥料や飼料を含めた窒素・リン酸の総量を対象とする点で総合的な施策である。ただし，化学肥料に含まれるリン酸については，耕種農場が対象に加えることに強く反対したため，対象外とされた。

④課徴金による誘導

損失基準量以上の窒素とリン酸に課徴金を課すことで，農場が窒素とリン酸の環境負荷を削減するよう誘導する。

⑤削減手段の任意性

窒素・リン酸を削減する方法は農場が選択できる。

（3） 申告の手順

農場は当該年の申告書を翌年8月末までに農業省賦課局に提出する。申告書には窒素とリン酸の投入・産出量を記入し，課徴金額を算出する。この課徴金は8月末までに払わなければならない。賦課局は書類を審査し，課徴金額が正しいかどうかチェックする。不足と判断したときは申告書が訂正され，

賦課局は農場へその旨を通知し，農場は6週間以内に修正申告を行う（CBS 2003）。

損失基準量との差は，年をまたいでの相殺が可能である。ある年の損失量が基準量を下回っているとき，その6年後までは基準量を上回った分と相殺できる。また，ある年に課徴金を支払っても，6年以内に基準量を下回れば，その量に応じて支払った課徴金の返戻を請求できる。翌年以降に持ち越せる，あるいはそれまでの基準超過量と相殺できる，基準量と損失量の差をsaldo（オランダ語でバランスの意味）という。1998～2000年にはMINAS対象外だった農場も自主的に申告できた。これには損失量が基準量を下回った場合，saldoとして損失量を貯めておくことができるというメリットがあった。

農場以外の仲介業者（糞尿の輸送業者・売買業者・加工業者・保管業者・作業請負業者）も申告する必要がある。中間業者にはsaldoが適用されないが，代わりに在庫変動が認められる。申告はリン酸だけでよい。

収支計算にあたっては，配合飼料と化学肥料の養分（窒素とリン酸）含有量に関しては実測値を用いた。配合飼料や肥料の供給業者，牛乳の買い手は四半期ごとに成分データを以前から農業者に提供していた。農産物の養分含有量と窒素の揮散量は係数（原単位）を用いた。糞尿中の養分量に関しては変動が著しいため，農場からの移出に際して毎回計測することが原則とされた。ただし，原単位を使うこともできた。糞尿の養分含有量を実測値を使って計算するものを通常申告，原単位を使って計算するものを簡易申告と呼ぶ。簡易申告の方が農場の負担は少ないが，現実の値より養分損失量が多くなるように原単位が設定され，農場が通常申告を選ぶように誘導している。また，簡易申告ではsaldoが適用されない。なお，規則違反を犯したり，特定の情報の開示を拒んだりした農場には通常申告が認められない。

(4) 環境負荷の動向

1997年から2005年にかけて，全国の糞尿中の窒素量は25％（15.6万トン），

リンの量は13％（1.1万トン）減少した。窒素の減少分のうち，半分強は乳牛，3割弱を豚で実現した。リンについては，6割近くを豚で，3割を乳牛で削減した。

化学肥料からの養分投入量は，同時期に窒素が30％（12.2万トン），リンが25％（7000トン）減少した。この減少幅は，窒素で7.2 kg/ha・年，リンで0.4 kg/ha・年に相当する。とくに酪農部門で大きく減少した。

こうしたことから，窒素の土壌への損失量は，247 kg/haから169 kg/haへ32％減少した。減少量は全国で16.3万トンに上る。大気への揮散を含めた窒素収支（地表収支）は，313 kg/haから222 kg/haへと29％減少した。リンについては，同様に27 kg/haから20 kg/haへ26％（全国で1.6万トン）減少した。1998年から2003年にかけての損失量の減少の要因分析では，減少の8割がMINASによるものであり，残りの2割はほかの政策とトレンドによるものと推計されている（Oenema and Berentsen 2005）。

1998年から2002年にかけて，地下水の硝酸塩濃度や表流水の全窒素濃度は低下しているが，目標値までには至っていない。2002年において，農場内の浅層地下水では，80％の地点でEUの硝酸塩濃度の基準値50 mg/lを超えている（Fraters et al. 2004）。表流水の全リン濃度は変化がない。リンは過去に施用されたものが蓄積しており，それが徐々に溶脱していると考えられる。

2000年と2001年では粗放的酪農の85％，集約的酪農の65％が損失基準量を遵守した。養豚・養鶏部門では遵守率は60％である。一方，耕種・園芸部門では遵守率は90％を超えている（Oenema and Berentsen 2005）。

5　EUの硝酸塩指令

家畜糞尿の農地への施用に関して，EUは硝酸塩指令（Nitrates Directive）で規制している。本節では本指令の内容を概説するとともに，MINAS導入の背景について記す。

（1）硝酸塩指令の概要

硝酸塩指令（農業起源の硝酸塩による汚染からの水域の保護に関する理事会指令）は1991年12月に制定された（EEC 1991）。この指令は，農業からの硝酸塩による水質汚染を削減し，これ以上の汚染を防ぐことを目的としている（第1条）。加盟国の主な義務は，以下のようなものである（西尾 2005）。

①硝酸塩指令に準拠した国内法の整備
②地下水・表流水の硝酸塩濃度が50 mg/lを超えている，または超えるおそれのある地域，および富栄養化が起こっているかそのおそれのある地域の硝酸塩警戒地域（Nitrate Vulnerable Zones）への指定
③優良農業行為規範（codes of good agricultural practice）の策定
　この規範は化学肥料と家畜糞尿の施用量，施用方法，施用期間，家畜糞尿の保管施設の設置などについて定めるものである。これは硝酸塩警戒地域外の農業者にとっては自主的な実施が期待されるが，硝酸塩警戒地域内の農業者にとっては実施が義務づけられる。
④4年ごとの行動計画の策定
　硝酸塩警戒地域内で硝酸塩汚染を減らすための計画である。

①〜③の措置の期限は1993年12月20日までとされた。また，④の第一次行動計画は1995年12月20日までに策定し，1999年12月20日まで実施することとされ，その後4年ごとの行動計画の策定と実施が求められている。

行動計画には，優良農業行為規範の内容に加え，家畜糞尿に含まれる窒素の農地施用量を規定することが求められている。具体的には，1998年12月20日以降210 kgN/ha，2002年12月20日以降は170 kgN/haとされた。ただし，指令の目的が達成され，客観的基準に照らして正当化できるものであれば，170 kgN/ha以外の施用量を規定できるとしている。

オランダは国土全体を硝酸塩警戒地域に指定した。糞尿由来の窒素投入量

は上記の基準よりかなり高く（1997年の全国平均で265 kgN/ha, Hansen 2000），集約的な畜産経営が集中している東部と南部では実施が困難と考えられた。オランダ政府は，MINASを導入すれば，上述のような特徴から，糞尿施用量としては170 kgN/haを超えるとしても，指令の目標である硝酸塩濃度50 mg/l以下の水質が確保できると考えた。

（2） MINAS導入の背景

　農場の養分収支を計算するという仕組みは，もともとは農業環境センター（Centrum voor Landbouw en Milieu）といくつかの農業者グループとが共同開発した営農支援ツールである。1988年に取組がはじめられた。養分管理のために養分収支を把握するということは近隣諸国でも行われているが，養分の損失量に応じて課徴金をとり，養分収支をコントロールする政策としてこれを用いたところがオランダのユニークなところである。

　余剰養分への課徴金というアイディアは，Dietz and Hoogervorst（1991）やDietz（1992）で提唱されている。Dietz and Hoogervorst（1991）は，作物吸収量と環境容量との和を環境に悪影響を及ぼさないという意味で許容できる養分の施用量であるとし，その量を試算している。これを上回る分を余剰養分として課徴金をかけることを提案した。窒素とリン酸それぞれ1キログラム当たり1.25ギルダーは必要だとしている。Dietz（1992）は，当時の糞尿政策に経済的手法がないことを批判し，経済的手法導入の必要性を訴えている。そのとき課されていた余剰糞尿課徴金は，余剰糞尿対策や研究開発の財源調達を目的としており，料率が低すぎ，農業者の行動に影響を与えないとしている。余剰養分への課徴金制度は，農場に余剰養分を減らすインセンティブを与え，糞尿政策の情報取得費用と政策の維持費用を大幅に低減できるとしている。

　農場にとってMINASで求められる業務は，まったく新しいものではなかった。1987年の糞尿基準量制度の開始時から，飼養頭羽数，土地利用，農地

面積を登録し,糞尿の発生量と移動量を記録することが畜産農場には義務づけられていた。また,納税申告のために農場の財務会計を報告することも義務となっている。農場の投入と産出のデータを財務データと関連させればMINASの申告書の作成も大きな負担とならず,監査も容易である。養分の損失を書類上少なくし,課徴金支払額を減らすためには,できるだけ投入を少なくして産出を増やせばよい。しかし,これは財務会計の面では利潤が増えることになり,納税額は増加する。財務会計と連動させることによって,養分損失量を実際より少なく申告するインセンティブを減らせるのである。

6　欧州委員会との攻防と制度の終焉

　1995年12月,オランダ政府は欧州委員会にMINASを柱とする行動計画を提出した(2)。この計画では,2010年までに国土の大部分で目標が達成できるとされた (Oenema and Berentsen 2005)。欧州委員会はこの計画に難色を示したため,オランダ政府は1997年12月に改訂版を提出した。翌年9月に欧州委員会は,この計画は糞尿施用量の規定がないこと,施肥の規制が不十分であること,などの問題点を文書で指摘した。

　いっぽう,養豚構造改革法に関する裁判において,1999年2月から1年間同法の効力を停止するという命令が出され,豚の飼養頭数削減が当初の計画どおりに行えなくなった。

　このように,欧州委員会から規制強化を迫られる一方で国内の反対により具体的な施策がすすまず,糞尿問題の解決はさらに急がれることになった。この対応策として打ち出されたのが,糞尿処理契約制度の導入と,MINASの損失基準量の引下げおよび課徴金率の引上げである。

　糞尿処理契約制度は,農場内で施用しきれない家畜糞尿を抱えている農場が,ほかの農場に糞尿を散布する,あるいは輸出するなどの契約を事前に結ぶことを義務づけるものである。これは2002年からはじめられた。この制度

で，農場内で施用できる家畜糞尿の量とほかの農場で散布するときに必要な農地面積を算定する際，硝酸塩指令に合わせて糞尿起源の窒素施用量の上限値が導入された。耕地に関して，2002年は移行措置として190 kgN/ha，2003年から170 kgN/haとなった。しかし，成長が早く窒素吸収量が多い草地に関しては例外措置として，2002年は300 kgN/ha，2003年以降は250 kgN/haとするよう，欧州委員会に求めた (Henkens and Van Keulen 2001)。

しかし，欧州委員会はこうした対応を不十分であるとして欧州裁判所への提訴手続をすすめた。欧州委員会がオランダの政策を不十分とした理由は，①糞尿施用量の規定がなく，MINASでは多量の糞尿施用が認められてしまうこと，②MINASの損失基準量の引き下げなど，規制強化の速度が硝酸塩指令の定めたスケジュールに比べて遅いこと，③課徴金が低額のため，過剰施用をやめさせる誘因としては弱いこと，④砂質・レス土壌に対する補完的措置が不十分なこと，などであった。

2003年10月，欧州裁判所は，オランダの第1次行動計画が硝酸塩指令に違反しているという判断を下した。[3]違反事項はいくつかあったが，最大のポイントは施用量上限をMINASで代替することを認めなかったことである。硝酸塩指令は糞尿施用量を規制することで，窒素による水質汚染を事前に防ぐことを意図している。しかし，MINASでは投入量を制限しておらず，基準量以上の損失を禁じているわけでもないので，未然防止は図れない，という結論をくだした。また，糞尿と化学肥料をあわせた窒素施用量上限が定められていないことも違反とされた。

オランダ政府は2006年から施用量基準を中心とする制度に変更することを決め，その他の違反事項への対応も含め，基本方向について2004年7月に欧州委員会の承認を得た。欧州裁判所はMINAS自体が硝酸塩指令違反であるとは結論づけていないので，施用量基準を導入すればMINASを存続させることも可能であったが，オランダ政府は，後述のように農業者の不満や高い行政費用のため，MINASを2005年で廃止することにした。

7　制度導入をめぐる政府と農業者の対立

　MINAS の導入にあたっては，養豚経営を中心に農業者の強い反発があった。政府としては妥協を重ねて導入にこぎ着けたものの，受け入れようとしない農業者も多かった。本節では導入までの経緯をたどる。[4]

　オランダでは，合意形成を重視し，長期的視野のもとで計画的に政策を進めていくことが特徴として指摘されている（Liefferink and van der Zouwen 2004）。1980年代に家畜糞尿政策が始まったとき，対策は3期にわたって段階的に進められていく計画だった。第1期は1987〜1991年，第2期は1991〜1995年で，それぞれ第3節に記したものに対応している。第3期は1995年からとされ，糞尿の施用量基準を強化し，2000年までに農地への糞尿の投入と産出を均衡させることをめざした。そして，政府が最初に示した第3期の対策案は，糞尿生産権を削減し，農業者に毎年の糞尿処理計画を事前に提出させる，余剰糞尿に関しては農場外へ移出する輸送契約の提示を求め，移出されない余剰糞尿に対して課徴金をかける，というものであった。

　農業者団体は，頭数削減につながるこの案に強く反対し，代替案として，農業者がミネラル会計簿をつけ，損失基準量を超える損失に課徴金を課すという MINAS の考え方を提示した。これを受け，政府と農業者の代表であった農業委員会（Landbouwschap）は，1993年5月に，MINAS を第3期の基本政策とすることに合意した。このころまでは，農業分野でもネオ・コーポラティスト的な政策形成が行われていた。ネオ・コーポラティズムとは，全国的な代表組織が政策形成に直接関与する形態をいう。農業委員会は農業分野の代表組織で，規則制定権を持つ法定団体である。全国の農業者団体と農業労働者組合が参加しており，農業者は賦課金を払っていた。

　ところが，この合意は，一部の農業者の強い抵抗に遭った。養豚業者組合などの過激な団体が反対運動を展開した。このため，第3期は当初の予定通

り始めることはできなかった。1995年には農業委員会が廃止された(5)。カトリック，プロテスタント，一般に分かれていた農業者団体は1995年にオランダ農業・園芸協会（Land- en Tuinbouw Organisatie Nederland）を結成し，農業委員会の役割を継承した。

　政府は農業者に譲歩し，MINAS を1998年から実施すること，施肥を均衡させる目標年限を2000年から2010年に先送りし，損失基準量を2010年までに段階的に強化すること，糞尿生産権の買い上げと畜産農場の投資促進のために６億ギルダーの補助金を支出することなどを1995年10月に発表した。しかし，これに対しても農業者は全国的な抗議活動を行った。反対に，環境団体は，農業者に対する妥協を強く非難した。

　このように，MINAS は導入時にも大きな混乱を招いた。多くの農業者は，MINAS は経営上の負担になるだけで，環境の改善にはならないと考えていた。

8　顕在化した運用上の問題

（１）酪農経営を起源とする制度

　農場の養分収支を計算するという MINAS の手法は，酪農部門を対象に開発された。この手法は，養分のフローを明らかにし，どこを改善すれば損失量が減るかということを示し，とるべき方策を示唆する。損失量を減らすことは必ずしも農業者に費用負担の増加をもたらすわけではない。効率的な養分の施用方法に切り替え，化学肥料を減らすことができれば，その購入費用は減るので，経営的にも収支が改善する。全般的にみると，酪農部門では MINAS の実施にともなう経済的負担は大きくなかった。

　しかし，余剰糞尿の削減がより求められる集約的畜産経営である養豚・養鶏部門では事情が異なった。牛は牧草が飼料であり，一般的な酪農経営は牧草地を所有している。これに対し，養豚・養鶏経営では経営農地は少ない。

飼料用トウモロコシ畑が少しあるくらいである。農業経済研究所（Landbouw-Economisch Instituut）の2005年のデータによると，非草食家畜の経営を柱とする（粗収益の3分の2以上が非草食家畜飼育による）農場の平均農地面積は7ヘクタールである。3分の1の農場が1ヘクタール以上5ヘクタール未満しかない。他方，平均飼養頭数は肥育豚で960頭，繁殖豚で348頭，採卵鶏で3万7000羽，ブロイラーで1万8000羽である。このため，糞尿が高密度で集積する。

　十分な土地をもたない養豚・養鶏経営の選択肢は少ない。経営農地が少なく，もともと化学肥料をあまり使っていないので，化学肥料の削減は中心的対策にはならない。給餌方法の改善に取り組むインセンティブも低い。農場内に糞尿を散布する余地がほとんどない経営の場合，費用をかけて養分量を調節するメリットは少ない。なぜなら，糞尿は農場の外へ持ち出すしかなく，その費用は養分含有量ではなく糞尿の量で決まるからだ。糞尿の量は養分量と連動せず，与える水分の量などにより多く依存する。さらに，給餌方式の変更には設備投資などの費用がかかる。糞尿を持ち出す方が少なくとも短期的には安上がりであった。糞尿政策は数年で枠組みが変わり，MINASも基準値の強化や料率の引上げが前倒しされ，細かな変更もあり，長期的な見通しを立てられない農業者は設備投資をためらった。つまり，集約的畜産経営にとっては，MINASでは糞尿を持ち出す以外の選択肢を促すインセンティブはないといってよい。彼らにとっては，終末処理的対応しかないのである（Mallia and Wright 2004）。

　つまり，十分な土地をもたない養豚・養鶏経営にとって，養分収支の計算をすることによるメリットはあまりない。

（2）算定された損失量の不確実性

　MINASの実施に際して，窒素とリン酸の投入量と産出量を測定するときにさまざまな要因で誤差が生じた。Mallia and Wright（2004）は不確実性

の源泉として6つを挙げている。

①糞尿の組成

　糞尿は固体の糞と液体の尿の混合物であり，かき混ぜても完全には均質にならず，撹拌をやめると固体部分が沈殿する。

②サンプリング

　一般申告では，糞尿中の窒素・リン酸は農場からの移出時に毎回サンプリングをして成分を計測することが求められた。その方法は法令で定められているが，それでもサンプリングによる誤差は避けられない。

③分析機関の成分分析

　サンプリングの成分分析は，政府の認定した機関で行われるが，分析機関によって同一サンプルで26％もの差があるという調査結果もある。

④糞尿保管槽の構造

　糞尿は保管槽に入れられたあと輸送車へポンプで汲み上げられるが，保管槽内に沈殿している部分は残りがちになる。この部分にはリンが多く含まれる。保管槽内の糞尿は環境に放出されるわけではないが，MINASには糞尿の在庫という項目がないので，環境への損失とみなされてしまう。

⑤飼料の養分含有量

　飼料の養分含有量は納入業者が計測し，配達ごとおよび四半期ごとに農場に通知するが，これにも若干の変動がある。

⑥家畜の養分含有量

　作物・家畜（生体）・畜産物の養分含有量は原単位を用いる。このうち，豚の原単位が問題とされた。その後の調査で，当初使われていた値が低いとされ，農業省は1998年に遡って養豚経営の申告書を再計算した。

このような不確実性の結果，算定された損失量が実際より多い場合も少ない場合もある。問題となったのは，土地をもたない集約的畜産経営が糞尿を

すべて農場外へ持ち出したにもかかわらず、損失量が基準量を上回る場合である。養豚農場の5〜10％は身に覚えのない課徴金の支払いを求められていたという（Mallia and Wright 2004）。

（3） 農業者の反発と行政費用の増加

　糞尿を還元する土地を十分にもっていない養豚・養鶏経営にとって、MINASは施用量基準と比べてそれほど好ましいものではない。むしろ、実際より大きな損失量が算定されて高額の課徴金が請求される場合もあり、MINASの方が負担は大きいとさえ思われる事態も出てきた。

　とくに養豚経営への影響が大きかった。養豚業者団体は、損失量の算定の不正確さについて研究機関に研究を依頼した。また、個々の農場は、脱法あるいは不正行為、支払い拒否、訴訟などさまざまな形で抵抗した。脱法・不正行為のひとつとして、飼料会社が協力し、飼料のサンプルを変えるなどして飼料の養分含有量を帳簿上減らす、という方法がある。また、糞尿を耕種農場に送る契約は結ぶが、実際には自分の土地に糞尿を散布する養豚経営もあったようだ（Mallia and Wright 2004）。一方、MINASに対して農業省へ出された異議や抗議は2002年で1万1000件に上る（Oenema and Berentsen 2005）。

　また、政府の糞尿政策の実施にかかる費用は、1998年の1800万ユーロから2002年には8600万ユーロに急増している。このうち、MINASの費用は全体の60〜70％を占めるという（Mallia and Wright 2004）。対象農場が増えただけでなく、制度の複雑化と課徴金請求に関する異議申立てや訴訟に対応するために業務量が増えたことも大きい。MINASの開始後、さまざまな制度の変更や例外の設定があった。

　このように、MINASは多くの問題を抱え、農業者は反発し、行政費用も大きかった。政府にもMINASをそのまま継続させようという意思はなくなっていた。

9　養豚・養鶏部門に効果的でなかった制度

　環境問題に対して先進的に取り組んでいるとされるオランダにおいて，家畜糞尿対策はなかなか進展していない。この大きな理由は，問題がとても深刻で，規制による経済的影響が大きすぎるという理由で農業者の抵抗が激しかったことにある。硝酸塩指令への対応に関して，政府は当初，糞尿施用量基準の導入を考えていたが，農業者の同意を得られず，代替案としてMINASが出てきた。しかし，その導入に際しても農業者は強く反対した。

　オランダは硝酸塩指令が糞尿施用量基準の導入を加盟国に義務づけていたとしても，目標とする水質を達成できるのであれば，別の手法を採用しても構わないという考えでMINASを導入した。しかし，EUの政策は形式主義的で法令の条文を字義どおりに解釈し，長期的視野に基づくというよりも即興的（ad hoc）とされている。EUは法令の条文どおりに政策を実施することを求め，MINASでは不十分と判断したのである。

　また，MINAS自体も問題を抱えていた。MINASの効果は，おもに酪農部門で発揮されたが，糞尿問題が最も深刻な集約的畜産部門（養豚・養鶏）では，農地が少なく，MINASは効果を発揮できなかった。糞尿を農場外に持ち出すしか方法がない場合が多かったからである。豚・家禽農場は糞尿の80％を農場外に移出している。集約的畜産部門の経済的負担は大きい。MINAS課徴金の支払いのほかに，2000～02年に，糞尿処理費用は農場当たり1万5000～2万5000ユーロと，総費用の3～6％を占めている。養豚・養鶏部門へのMINASの効果は，制度導入前にはさほど関心がむけられなかった。これは，牧草地が農地の大半を占めていることや，酪農経営が養豚・養鶏経営よりかなり多いといった状況によるところが大きい。

　さらに，行政費用が急増していた。政府は2004年に糞尿政策に関する行政費用を大幅に削減した。この背景には，この時期の景気後退と2003年からの

中道右派の連立政権（キリスト教民主アピール，自由民主国民党，民主66）による歳出削減がある。

　こうしたさまざまな問題が累積し，農業者の不信が高まっていったと同時に，規制当局も制度の続行を困難と考えるようになっていった。MINASの廃止は硝酸塩指令に不適合とする欧州裁判所の判断が直接のきっかけではあるが，それがなくても制度の大幅な変更を余儀なくされていたであろう。

　確かに，酪農部門に対しては，MINASはうまく機能した。耕種部門に対しても，損失量を減らすように運用することは可能だろう。しかし，土地をほとんどもたない養豚・養鶏経営に対しては，別のアプローチが必要だった。たとえば，糞尿を全量持ち出している農場に対してはMINASの申告を求めず，糞尿の移出をチェックすればよかったのではないだろうか。糞尿やそのなかの養分量を正しく把握することは容易ではない。農業者の納得が得られる養分量の計測方法を構築できれば，損失量をコントロールするシステムの方が客観的にはより望ましい糞尿政策になると考える。

注
（1）　家畜単位は，種類の異なる動物を足し合わせるための尺度である。もともとは年間3トンを泌乳する乳牛を1とし，畜種ごとの飼料要求量をもとにして換算係数が設定された。
（2）　欧州委員会（the European Commission）は法案提出権をもち，政策の実施，予算の編成と執行，EU法適用の監督などを行うEUの機関である（庄司2013）。
（3）　欧州裁判所は，第1次行動計画に対して当該指令への適法性を判断した。その後の対応策については考慮していない。
（4）　本節は主にFrouws（1997）に拠っている。
（5）　Frouws（1997）は，1993年5月の合意を，「ネオ・コーポラティスト的な政策形成の最後の激動」と記している。

参考文献
釘田博文・東郷行雄（1996）「EUにおける畜産環境政策――オランダの事例を中心に」『畜産の情報（海外編）』1996年3月，73-98。
庄司克宏（2013）『新EU法　基礎編』岩波書店。

西尾道徳(2005)『農業と環境汚染』農山漁村文化協会。
藤田香(2001)『環境税制改革の研究』ミネルヴァ書房。
諸富徹・岡敏弘(1999)「オランダ排水課徴金――その「成功」の意味」『エコノミア』99 (3・4): 1-19。
Andersen, Mikael Skou and Duncan Liefferink (eds.) (1997) *European Environmental Policy: The pioneers*, Manchester University Press, 1997.
CBS (Centraal Bureau voor de Statistiek), Statline (statline. cbs. nl).
CBS (2003) *Monitor Mineralen en Mestwetgeving 2003*, CBS.
―――― (2007) *Monitor Mineralen en Mestwetgeving 2007*, CBS.
―――― (2016) *Internationaliseringsmonitor 2016-II: Agribusiness*, CBS.
Dietz, Frank J. (1992) "The Economics and Politics of the Dutch Manure Problem", *Environmental Politics*, 1: 347-382.
Dietz, Frank J. and Nico J. P. Hoogervorst (1991) "Towerds a Sustainable and Efficient Use of Manure in Agriculture: The Dutch Case", *Environmental and Resource Economics*, 1: 313-332.
EEC (1991) "Council Directive 91/676/EEC of 12 December 1991 concerning the protection of waters against pollution caused by nitrates from agricultural sources", *Official Journal* L375, 31/21/1991.
European Union (2016) Member States Factsheets Netherlands.
Fraters, B. et al. (2004) *Agricultural practice and water quality in the Netherlands in the 1992-2002 period*, Report no. 500003002/2004, National Institute of Public Health and the Environment (RIVM).
Frouws, J. (1997) "The Manure-policy Process in The Netherlands: Coping with the Aftermath of the Neocorporatist Arrangement in Agriculture", in Eirik Romstad, Jesper Simonsen, and Arild Vatn (eds.) *Controlling Mineral Emissions in European Agriculture: Economics, Policies and the Environment*, CAB International.
Grinsven, Hans van et al. (2005) "Evaluation of the Dutch Manure and Fertilizer Policy, 1998-2002", in OECD, *Evaluating Agri-Environmental Policies: Design, Practice and Results*, OECD, 389-410.
Hansen, Jacob (2000) Nitrogen balances in Agriculture, Statistics in focus, Environment and Energy, Theme 8-16/2000, Eurostat, 2000.
Henkens, P. L. C. M. and H. Van Keulen (2001) "Mineral policy in the Netherlands and nitrate policy within the European Community", *Netherlands Journal of Agricultural Science*, 49: 117-134.
Liefferink, Duncan and Mariëlle van der Zouwen (2004) "The Netherlands: The advantages of being 'Mr Average'", in Jordan, Andrew and Duncan Liefferink (eds.) *Environmental Policy in Europe: The Europeanization of national environmental policy*, Routledge.

Mallia, Christina and Stuart Wright (2004) "MINAS: A Post Mortem?", Roskilde Universitetscenter.

Ministry of Agriculture, Nature Management and Fisheries (2001) Manure and the environment, Second edition.

OECD (2007) "Instrument Mixes Addressing Non-point Sources of Water Pollution", in *Instrument Mixes for Environmental Policy*, OECD Publishing.

Oenema, Oene and Paul Berentsen (2005) Manure Policy and MINAS: Regulating Nitrogen and Phosphorus Surpluses in Agriculture of the Netherlands, COM/ENV/EPOC/CTPA/CFA (2004) 67/FINAL, OECD.

Tamminga, Gustaaf and Jo Wijnands (1991) "Animal Waste Problems in the Netherlands", in Nick Hanley (ed.) *Farming and the Countryside: An Economic Analysis of External Costs and Benefits*, CAB International.

van Boekel, E. M. P. M., P. Bogaart, L. P. A. van Gerven, T. van Hattum, R. A. L. Kselik, H. T. L. Massop, H. M. Mulder, P. E. V. van Walsum and F. J. E. van der Bolt (2013) *Evaluatie landbouw en KRW, Evaluatie meststoffenwet 2012: deelrapport ex post*, Wageningen, Alterra, Alterra-rapport 2326.

Wossink, Ada (2004) "The Dutch Nutrient Quota System: Past Experience and Lessens for the Future", in OECD (ed.) *Tradeable Permits: Policy Evaluation, Design and Reform*, OECD.

第7章

ドイツ・脱原発政策と政治の変容
――パースペクティブ拡張の試み――

小野　一

1　変化のなかの原子力政策

　キリスト教民主同盟（CDU）のアンゲラ・メルケル（Angela Merkel）が首相を務める保守政党主導政権下で脱原発が追求されるドイツは，世界の注目の的である。そこには，福島原発事故後の特殊性のみに帰せられない政治学的含意がある。環境問題の重要テーマのひとつである原子力政策は，20世紀後半から21世紀初頭にかけての政治的構造変化と呼応するかたちで展開された。

　本章はまず，赤緑連立期およびメルケル政権期の原子力政策を概観する[1]（第2節および第3節）。第4節では，そうした政策過程に影響を与えた政治的構造変化の諸相を短期的および中長期的視野から分析する。脱原発全党コンセンサスや専門家委員会の役割重視といった興味深い事象も，こうした文脈上に整序されよう。欧州連合（EU）レベルの放射線防護規制が新たなイシューとして浮上してきたが，それをドイツの原子力政策と関連づけて論じるのが第5節である。

　現在，脱原発研究でも次のステージに進むべくパラダイム転換が求められている。パースペクティブの拡張はいかになされるべきか。また，そのことが本書全体のテーマである環境政策史研究との関連でどのような可能性を有するのかについて，第6節で論じる。

2　赤緑連立の展開と脱原発合意

(1)　ドイツ政治と原子力

　ほかの先進諸国と同様，(西) ドイツもかつては原子力発電を推進した。1961年には初の商業用原発が運転を開始し，2度の石油危機を経て建設に拍車がかかる。石油依存率の引き下げが優先課題であり，その手段が原子力拡大と考えられたのである。20世紀末には19基の原発が総電力の約30％を発電するまでになった。2013年度のこの割合 (原子力依存度) は，『エネルギー白書2016』第2部第2章第3節に掲載された「主要国の発電電力量と発電電力量に占める各電源の割合」によれば，16％である (資源エネルギー庁 2016, 233)。

　主要政党が原発推進の立場をとるなか，反原発を掲げる勢力は周縁的な位置におかれていた。主要政党がすべて脱原発という今日の状況が出現するまでには，いくつかの転換点を経なければならなかった。

　第1の転換は，60年代末から70年代にかけての環境保護，(第2波) フェミニズム，反戦平和など，新しい社会運動の高揚である。運動の担い手の一部は，自らの要求を政治機構のなかで実現すべく，新党 (緑の党) を作った。ドイツの緑の党は綱領，組織，行動様式のうえでも「模範」とされることが多いが (小野 2014b, 33)，原発反対を前面に掲げる政党が登場した意味は大きい。社会民主党 (SPD) との連立は，緑の党が入閣する代表的なパターンだが，その型の政権は「赤と緑」の連立とよばれる。

　第2，第3の転換は，重大事故を契機とする。1986年，旧ソ連 (ウクライナ)・チェルノブイリ原発が事故を起こすと，ヨーロッパでも放射能汚染が確認される。それまで原発推進の立場をとっていたSPDも，路線転換の兆しをみせた。西ドイツは原子力オプションを放棄したわけではないが，1989年以降，新規の原発建設はなされていない。

第7章 ドイツ・脱原発政策と政治の変容

　反原発運動は継続的に展開された。2000年の脱原発合意の後も，原発推進派と脱原発派のせめぎ合いは続く。第3の転換は，福島原発事故を契機とする保守主義政党の変化である。メルケル首相は，2022年までの全原発停止を決意する。脱原発を支持する者が71％という世論を背景に，左翼党から自由民主党（FDP）まで原発停止を求める一大連立が形成されていた。ドイツでは2010年までに，再生可能エネルギーが総発電量の18％となるなど比較的順調な伸びをみせたが（*SPIEGEL* 2011/14, 67），こうしたことも脱原発を受け入れるうえで有利な条件となった。

　ここで（西）ドイツの主要政党について概観しておこう。キリスト教民主社会同盟（CDU/CSU）と社会民主党（SPD）がそれぞれ，穏健保守主義と穏健改良主義の二大政党である。SPDは19世紀の社会主義運動にまで起源を遡れるが，マルクス主義と決別したとされるバート・ゴーデスベルク綱領（1959年）以降は典型的な西欧型社会民主主義政党として，資本主義の枠内での改良や福祉国家政策を支持する。連立政権が常態のドイツでは，1970年代までは，両党のうちFDPを味方につけた方が連立政権を形成するパターンが多かった。大連立（CDU/CSU＋SPD）もあるが，それが可能なのは，3党のイデオロギー距離が比較的近く，連立形成能力に富むからである。

　この平穏を破ったのが，緑の党である。70年代後半に地方議会から進出をはじめ，1983年選挙では連邦議会に議席を獲得する。穏健多党制のメルクマールのひとつが反体制政党を含まぬことだとすれば（Sartori 2005, 159 ［岡沢・川野訳 2000, 298］），緑の党はその前提を怪しくする。原理派と現実派の党内論争が後者の優位のうちに収束するまでは，ラディカルな変革志向の党と思われていたためである。4党制への移行により，中道保守（CDU/CSU＋FDP）と赤緑連立のブロック間対立が基本図式となる。ヘッセン州赤緑連立政権を皮切りに，緑の党はいくつかの州で政権入りするが，連邦政府への入閣はシュレーダー政権期（1998～2005年）まで待たねばならない。

　2ブロック4党制の対立図式は，ドイツ再統一（1990年）後の5党制下で

も継続する。旧東独政権党の流れを汲む民主社会党（PDS）が，連邦および旧西ドイツ諸州では政権構想から除外されていたからである。同党は早晩消え去る運命にあると思われていたが，東側の利益とメンタリティを体現する地域政党として活動を続けた。2005年連邦議会選挙には西側の「雇用と社会的公正のための選挙オルターナティブ（WASG）」と統一リストを掲げて臨み，全ドイツ規模で左翼党が定着する基礎を作る。

（2） 州における先行事例

　ドイツは16の州（Land）からなる連邦制国家である（うち東部5州はドイツ再統一により誕生）。各州の自律性が比較的大きく，地域ごとの政治的・文化的伝統も異なる。一般に，中央集権より地方分権の方が，脱原発側に有利とされる。連邦レベルの赤緑連立政権に先立ち，州レベルでは貴重な経験が蓄積していた。

　ヘッセン州では，1985年12月，緑の党のヨシュカ・フィッシャー（Joschka Fischer）が環境大臣として入閣する。現実主義者でありながら，依然影響力を失っていない原理派にも受入れ可能な彼のパーソナリティが，党内論争の渦中の緑の党では大きな意味をもった。当時，SPDと緑の党の隔たりは大きかったが，ハーナウの原子力施設（ヌーケム，アルケム）に関して妥協の見通しが出てきたことが，赤緑連立の誕生に道を開いた。数ヵ月後のチェルノブイリ原発事故が，最初の試練となる。SPDの親原子力路線に緑の党は反発したが，危機はひとまず沈静化する。しかし1987年初め，アルケムの操業許可をめぐり両党関係は決定的に悪化する。議会は解散され，選挙の結果，中道保守政権にとって代わられる。原子力問題での歩み寄りにより成立した赤緑連立政権は，原子力問題を躓きの石として崩壊する。

　SPDの煮え切らぬ態度が連立を崩壊させた，との見方は可能である。だがヘッセン州SPDの葛藤は，長期の単独政権下で緑の党との緊張関係がほとんど問題にならなかったノルトライン＝ヴェストファーレン州SPDの場

合とは対照的である。後者ではエコロジーというテーマも産業社会の根本的問い直しとはならず,強力な石炭ロビーと弱い反原発勢力が,政権党のエネルギー政策を規定した(小野 2009, 130)。ヘッセンでは,91年に赤緑連立が政権に返り咲き,ノルトライン＝ヴェストファーレンでも95年に赤緑連立が成立した。紆余曲折はあるが,赤緑連立は着実に実績を積み重ねていく。

1998年9月27日の連邦議会選挙の結果,赤緑連立政権が成立した。緑の党の入閣に,転機を期待するのは自然なことだが,実際はどうだったのだろうか。新首相となったSPDのゲアハルト・シュレーダー(Gerhard Schröder)は新自由主義に強く傾斜し,党内では右派とされる。世間では,16年におよぶコール政権への「飽き」が支配的になっていた。史上初の赤緑連立連邦政府は,エコロジー改革を望む情熱に支えられて誕生したわけではなかった。

(3) 脱原発「100日プログラム」の挫折

SPDと緑の党のあいだに温度差があるとはいえ,脱原発を公式目標に掲げる初の連邦政府の誕生である。連立協定Ⅳの「3.2. 原子力エネルギーからの撤退」は3段階の脱原発プランを定める(SPD and GEÜNEN 1998)。まず「100日プログラム(100-Tage-Programm)」の一環として連邦原子力法が改正され,原発の安全審査強化と放射性廃棄物の発電所施設内保存が義務づけられる。つづいて連邦政府は,1年以内に電力会社と話合いを行う。第3段階では,損害賠償なき撤退を規定した法律が施行される。

ここには,急進的な環境保護運動の痕跡が読み取れる。だが,連邦環境省事務次官ライナー・バーケ(Rainer Baake)によれば,即時停止を決めれば原子力産業は訴訟を起こし,高額の損害賠償を請求してくるだろう。そうした事態を回避し脱原発を実現するには,操業年数に上限を定める立法以外に選択肢はない(Rüdig 2000, 55)。要するに,この時代までに緑の党では,即時撤退を求める公式見解上のラディカルさとは裏腹に,現実主義が優勢となっていた。反原発運動のシンクタンクといわれたエコ研究所(Öko-Institut)

も，そのような立場に接近していた。脱原発交渉の実務を担ったのは，プラグマティックな撤退路線を確立したヘッセン・グループである。

原子力政策の所管大臣は，緑の党のユルゲン・トリッティン（Jürgen Trittin）環境相と無所属のヴェルナー・ミュラー（Werner Müller）経済相である。シュレーダー首相の信頼の厚いミュラーとは対照的に，緑の党左派のトリッティンは，ニーダーザクセン州赤緑連立時代の閣僚にもかかわらず，シュレーダーとは次第にうまくいかなくなった。トリッティン環境相は使用済み核燃料再処理を即時禁止する意向だとの情報が流れると，当該産業はロビー活動で対抗する。1998年12月14日の業界代表との非公式会談でも，彼は招待されなかった。2日後，シュレーダー首相はトリッティンの法律案に不快感を表明する。両者の関係は緊迫したが，1999年1月13日までには，再処理禁止を2000年以降に持ち越すことで合意した。

原子力産業はなおも猛烈な反対キャンペーンを展開する。英仏の再処理工場への委託契約を解約すれば膨大な損害賠償を支払わねばならず，また廃棄物貯蔵施設の建設にも数年の時間がかかる，と。1月25日，トリッティンは，連邦原子力法改正案の閣議提出が見送られ，旧法の下で業界との交渉に入らねばならないことを知らされる。2月23日，政府は原子力法改正の見送りを公式に確認し，「100日プログラム」は名実ともに挫折した。

その後，連邦政府は，漸次的な脱原発の可能性を探る。電力業界との交渉は水面下で続けられたが，焦点となったのは撤退完了までの期間である。1999年6月のミュラー報告書では，原子炉の最大操業年数を35年とする案が示された。これは緑の党には容認しがたい。しかし即時撤退が遠のくなか，同党の政治家のあいだでは，30年以内なら妥協できるとの意見が強まってきた。一方電力業界は，停止期間を差し引いた実働年数を算定基準とする場合にのみ，35年案に同意する用意があるとした。

（4） 合意による撤退

　事態打開の見通しが出てきたのは，11月終わりのことである。新しい案では操業年数は30年とされ，第1号の原子炉閉鎖までに3年の猶予期間が認められた。このいわゆる「30＋3」案は妥協の限界線だったが，12月，緑の党はこの案に同意した。法廷闘争をちらつかせていた電力業界にも歩み寄りがみられた。その背景には，政府が使用済み核燃料輸送の許可に踏み切ったこと，CDUの不正疑惑のゆえにこの時点では次期連邦議会選挙での政権交代が期待できないと思われたこと，などの事情がある。

　こうして2000年初頭，脱原発交渉が再開された。5月14日のノルトライン＝ヴェストファーレン州議会選挙で赤緑連立が再選を果たすと，話合いは加速する。シュレーダー首相は6月14日に最終案を提示，その夜のうちに合意は成立した。この交渉には，連邦首相，ミュラー経済相，トリッティン環境相，電力会社数社の責任者が参加した。

　合意内容は3点に要約できる。第1に，原子炉の平均稼働年数を32年とし，耐用年数に達したものから順次運転停止とする。第2に，英仏に委託していた使用済み核燃料の再処理は2005年までとし，それ以降は最終処分場（原発敷地内）での貯蔵に限定する。第3に，当面の措置として中間貯蔵場を認める。合意は，既存原発の残余期間に発電してよい電力量の総量というかたちで取り決められた。具体的には2兆6000億kWh（年間1600億kWh）で，これが各電力会社に割り振られる。この範囲内での発電許容量の使い方には電力会社の裁量が認められるため，旧式炉を早めに閉鎖した分を能率のよい新型原子炉に回してもよい。そのため「平均」寿命の32年を超えて運転される原子炉もある。

　この脱原発合意は，原発推進派，脱原発派の双方から批判された。政権奪回の暁には脱原発合意を破棄すると表明していた保守政党だけではない。数ヵ月前には「30＋3」案が妥協の限界だと説明されていた脱原発派にも，不満が残る。それでも6月24日の緑の党党大会は，脱原発合意への支持を表明

した。

（5） 脱原発合意の政治的意味

　脱原発は，政権発足時の連立協定（SPD and GRÜNEN 1998）で取り決められたことである。だがその公約を果たすのは，容易ではなかった。SPDの態度は，ベルリン綱領（第4節参照）以後も一様でない。緑の党には脱原発はアイデンティティとかかわるテーマであり，具体的成果を上げるインセンティブが働く。だが見過ごされてはならないのは，新しい社会運動起源政党の性格を色濃く反映した第1期（1983年まで），議会主義化の進んだ第2期（90年まで），連邦レベルでの権力追求が疑問の余地なく展開された第3期（98年まで），連邦政府入閣後の第4期といった発展段階（Poguntke 2003, 94-95）を経るなかで，緑の党自身が性格を変えていることである。

　反原発運動は，新しい社会運動のなかでも有力な潮流である。草の根の環境保護運動から地方政治家まで，多様な人々が脱原発の一致点で共闘する体制が生まれた。リューディヒはそれをアドボカシー連合という概念を用いて説明するが，赤緑連立連邦政府はその終着点だった。その結果は，結集した人すべてを満足させるものではなかった。即時撤退を求める環境保護活動家と緑の党政治家の亀裂は，決定的になった。連邦政府への入閣により反原発アドボカシー連合が解体された，との評価（Rüdig 2000, 46; 71）には一理ある。脱原発派がチャレンジャーだった頃とは別の論理がこの段階では働くのであり，政権党としての現実路線に満足できない者は離反していく。

　100日プログラムの挫折後，連邦政府は電力業界との合意による脱原発を追求した。政労使代表の交渉による政策決定（ネオ・コーポラティズム）の名残とでもいうべき利害関係者の協議の場では，ニューカマーであるエコロジー運動は重要な地位を占められなかった。既存の行政ネットワークは強固で，政策転換は容易でない。その一方で，ドイツでは，原子力をめぐる政治的・社会的合意が崩壊した1980年代以降，新たな合意形成のための政策対話が節目

節目で行われてきた（本田 2014, 147）という事情もある。既存の政治機構が特定の条件下で，脱原発派に有利な機会を提供し得ることの例である。

そのようななかで，公的政治制度の利用に緑の党を含む脱原発派が習熟してきた。いまや環境政治は，反体制派が気勢を上げる場ではなく，具体的政策をプラグマティックに交渉する場である。脱原発合意の成立は，戦後ドイツのエネルギー政策上の転換点であるとともに，環境保護運動内での再編成を促す意味ももった。

3 メルケル政権下の原子力政策

（1）シュレーダー政権の終焉と大連立

脱原発合意後のドイツ政局は，一進一退をくり返す。1999年のヘッセン州議会選挙以降，赤緑連立は連邦参議院で過半数を制し得ず，州議会選挙での連敗と相まって，連邦政府は厳しい政局運営を強いられた。2001年の同時多発テロ後の状況変化や経済問題への重点シフトのなか，環境関連テーマは注目度が低下した。脱原発合意は2002年6月14日の連邦原子力法改正により，法的な下支えを得る。だが具体的成果は，シュターデ原発（2003年）およびオーブリッヒハイム原発の運転停止（2005年）まで待たねばならなかった。

2002年選挙で2期目の継続を果たしたシュレーダー政権は，新自由主義色の濃いアジェンダ2010（Agenda 2010）にもかかわらず，目立った成果を上げられなかった。電力業界では運転期間延長や（脱原発合意では想定されていない）新型炉から旧式炉への発電割当量の移譲を求める声も強く，SPDも，当初の予定どおりの運転停止に固執する緑の党にゆさぶりをかけた。失政や州議会選挙での敗北が続き，赤緑連立連邦政府は，2005年9月18日の繰上連邦議会選挙を経て下野する。以後，ドイツ政治の舵取りは保守政党主導政権に移る。

メルケル政権の第1期は，いわゆる大連立政権である。この時期の原子力

政策は，推進派と脱原発派の水面下でのせめぎ合いとも言い得よう。一般に保守主義政党は，産業界と同様，長期の原発利用を望む。連立協定（2005年）には，CDU/CSU と SPD との立場のちがいゆえに2000年の脱原発合意を変更できないが，原発の安全な営業運転は重大な関心事であり，そのための研究を継続・拡張する，とかなり含みのある文言がある。

バラク・オバマ（Barack Obama）が大統領を務めるアメリカ合衆国新政権（2009～16年）の成立により，グリーン・ニューディールが注目を集めたのも，この頃である。再生可能エネルギーの利用促進や新技術の研究開発などが含まれるこの方策は，2008年秋のリーマンショック後の不況からの脱出策として，エコロジー産業部門に新たなビジネスチャンスを見出す。そこには，これまでの常識を覆すような発想の転換がある。エコロジー思考は経済成長や巨大技術を批判的に問い直す視点をともなうため，環境政策は，エスタブリッシュメントの側からはしばしば懐疑の念をもって迎えられた。グリーン・ニューディールでは，環境対策はむしろ経済発展を促進させる。エコロジー的近代化（第4節参照）とも通じる発想である。

だがそれはうまくいくのだろうか。グリーン・ニューディールは，原発推進とワンセットである。ドイツは，地球温暖化対策（CO_2 削減）のために原発推進を，といったレトリックには比較的高い免疫力を示していた。だが，世界的な原発回帰が喧伝されるなかで，2009年連邦議会選挙を見越して保守側の反転攻勢を印象づける動きもみられた。

（2） 原発運転期間延長

SPD は2009年9月27日の連邦議会選挙に大敗し，第2次メルケル政権は中道保守連立により担われる。赤緑連立時代の脱原発合意も，微妙な位置におかれる。

2010年9月はじめ，連邦政府と電力業界との合意が成立した。それによれば，17基の原発のうち，旧式炉（1980年以前に運転を開始したもの）は8年，

新型炉は14年程度の運転期間延長を認められる。すべての原発が停止されるのは，2040年頃と見込まれた。しかし，（2000年の脱原発合意と同様）撤退期限でなく残余期間に発電してよい電力量として取り決められたため，割り当てられた発電許容量の使い方次第では長期間運転される原子炉もあり得る。一部には，撤退完了は2050年頃までずれ込む，との見方もあった。新型炉から旧式炉への発電許容量の移譲も，例外措置として認められた。

　原子力法の改正案は，2010年10月に連邦議会で承認された。連邦政府は，環境保護を見据えた画期的なエネルギー・コンセプトだと喧伝する。たしかに，新税（核燃料税）を財源として再生可能エネルギーの開発やインフラ整備（送電線の設置など）を行う案も打ち出されている。しかし，再生可能エネルギーへの投資の減速を懸念する声もある。全体として電力業界に配慮した対応だったことは，交渉の経緯からも明らかである。新たに追加された原発発電許容量（約1兆8000億kWh）は，270〜640億ユーロの電気料金収入に相当するといわれる（SPIEGEL 2010/37, 77）。

　中道保守連立は，しかしながら安泰でなかった。世論調査では連邦野党がめざましい回復をみせ，2010年夏には赤緑連立の過半数確保も可能となった。緑の党は，同年1月15日時点で12％の支持率で第3党に浮上し，11月には20％に達した。急速な党勢回復は，なぜ可能だったのだろうか。メルケル政権下でのエコロジー政策後退への抗議から，緑の党に希望を託した人もいるだろう。看過しえないのが，FDPとの競合関係である。社会学的見地からは，緑の党は19世紀以来リベラルの独壇場だった社会階層，すなわち高学歴・高所得の野心的中間層に支持基盤を有する（Walter 2010, 124）。不正献金疑惑で声望を落としたFDPの支持者の一部が，緑の党支持に回ったとしても不思議はない。

　メルケル首相の原発運転期間延長は，保守主義政権の立ち位置からすれば驚くに価しない。だがその決定が，わずか半年で再転換されるとは誰も予想しなかった。

（3） フクシマ以後の原子力政策転換

　メルケル首相は，2011年3月14日，運転期間延長計画を凍結し，翌15日には旧式炉7基を3ヵ月停止すると発表した。さらには，5月30日の政府与党幹部協議で，脱原発の基本線が決定される。停止中の8基は再稼働せず（うち1基は冬季の電力不足に備えて再開可能状態を当分留保），残る9基は2015年から2022年にかけて5段階で運転停止される。関連法案，すなわち第13次原子力法改正法，再生可能エネルギーの利用率を高めるエネルギー供給構造改革のための6つの法律は6月30日に連邦議会で可決され，7月8日には連邦参議院でも承認された（渡辺 2011）。

　その背後には，福島原発事故後の世論の変化がある。2011年3月27日のラインラント＝プファルツおよびバーデン＝ヴュルテンベルクの州議会選挙では，緑の党が躍進し，保守の牙城とされる両州で赤緑連立政権が成立した。とくに後者では，ヴィンフリート・クレッチュマン（Winfried Kretschmann）が史上初めての緑の党出身の州首相となった。5月22日のブレーメン議会選挙では，緑の党はCDUを上回り第2党となり，赤緑連立政権が継続を果たした。ただし2001年以来赤赤連立（SPD＋左翼党）が政権の座にあったベルリンでは，9月18日の選挙の結果，赤緑連立による多数派形成が可能だったにもかかわらず大連立政権が成立した。

　こうした脱原発世論に押されるかたちで，メルケル首相は，所属政党の伝統的経路（半年前までは自らもそこにいた！）とは正反対の方向で一点突破を図った。その大胆にして素早い決断を評価する人は少なくないが，一種の危うさもはらまれる。政府主導の政策転換という点ではシュレーダー政権のアジェンダ2010（第4節参照）と共通性があるが，メルケルは福島原発事故後の事態の急変のなかで早急に結論をくださねばならなかった。それを首尾よく行い得た彼女は，幸運だった。シュレーダーの政策転換が論争を惹起し，少なからぬ政治的代償を払わねばならなかったのとは対照的だからである。

　不確定要素はなおも残る。そこには，CDU内の経済派と環境派の相剋，

（多国籍）企業による訴訟リスク，脱原発国と推進国が並存する欧州情勢などが挙げられよう。それにもかかわらず，ドイツはエネルギー政策転換の道筋を示した。もし行程表どおりにことが進むなら，いったんは挫折した脱原発計画が保守主義政権下で，赤緑連立案と同じかそれよりも速いペースで実行されることになる。メルケル首相の個性もさることながら，政治機構，伝統・文化，欧州におけるドイツの経済的・地政学的位置，世論・言説状況などのさまざまな意味において有利な条件が揃っていたというべきだろう。

2022年までの全原発停止という目標は，大連立として形成された第3次メルケル政権（2013年～）にも継承された。

（4） ふたつの脱原発政策からみえてくるもの

赤緑連立連邦政府の初期には，ラディカルな環境保護運動の痕跡をとどめた原発即時停止要求がなされたが，まもなく，産業界との合意による撤退という穏健でプラグマティックな路線に収束する。政権党としての成熟と評し得る反面，旧来からの運動の担い手の離反，すなわち反原発アドボカシー連合の解体もみられた。新しい社会運動に起源を有する緑の党が連邦政治の中枢に達したことはドイツ政治の画期だが，環境政策の担い手の側における再編成をともなうものでもあった。

それでもメルケル政権の初期までは，原発に肯定的な保守と脱原発を掲げる革新（赤緑連立）という党派間対立は，比較的明瞭なかたちで残存した。実際，原発運転期間延長により赤緑連立時代の脱原発合意から離脱する構えをみせたのは，第2次メルケル政権（中道保守連立）である。それだけに，福島原発事故後の政策転換は印象的である。ドイツはいまや，保守主義政権のもとでも条件がそろえば脱原発が追求される時代にはいったのである。

比較的短期間にこのような変化がなぜ起こったのかについては，明確な政治学的説明が必要である。各党の政治的立場の収斂という場合，結果として生じた政策的対応の類似性だけでは不十分だろう。世論・言説レベルの質的

変容や，内外政治の構造変化をともなうはずだからである。次節では，いくつかの論点について掘り下げた分析を行う。

4　政治的構造変化の諸相

(1)　政党政治再編成

　2005年選挙は大規模な政党政治再編成の起点であり，ドイツは「流動的五党制」の時代にはいったといわれた。とくに重要なのが，緑の党の連立オプション多様化と左翼党のシステム定着である。中道保守も赤緑連立も多数派形成できない議席配分のもとで，新たな連立パターンもとりざたされた。だが，左翼党との連立はすべての党が拒否し，ジャマイカ連立（CDU/CSU＋FDP＋緑の党）も時期尚早だったため，大連立へと行き着く。

　2009年連邦議会選挙では，中道保守連立が過半数議席を獲得する。SPDは得票率を激減させたが，小政党は好調だった。選挙後には赤緑連立の復調もみられたが（第3節参照），州レベルでは黒緑連立（CDU＋緑の党）やジャマイカ連立も誕生した。

　政党システムが多様な可能性を含んだ変容期にあることは，2013年選挙後にも継続する（中川 2015, 254）。SPD（得票率25.7％）はやや持ち直すものの，事実上消滅したFDP（4.8％）の票を吸収するかたちでCDU/CSU（41.5％）の一強体制が昂進する。緑の党の得票率（8.4％）は，意外に伸びなかった。左翼党（同8.6％）は最大野党だが，連邦レベルでの政権入りは見込み薄である。

　結局，第3次メルケル政権は大連立として組閣される。この時点で連邦議会は4会派代表だが，2013年選挙では僅差で議席を逃したものの，当初はユーロ懐疑論に，その後は移民問題の深刻化にともなう排外主義に押されて急成長した「ドイツのための選択肢（AfD）」の動向が注目される。2014年の欧州議会選挙を皮切りに州議会選挙でも相次いで議会入りし，政党スペクト

ラムの右側の新党として地歩を固めつつある。AfDの伸張が，危機に際して「再国民化」の兆候がドイツ社会に現れていたことの反映だとすれば（中谷 2016, 100），単なる右翼ポピュリズムに解消できない。他方では，2016年3月の選挙で第一党に躍進したバーデン＝ヴュルテンベルク州の緑の党はCDUと連立（黒緑連立）を組んだが，同日選挙のラインラント＝プファルツ州の緑の党は大幅に後退し，2011年以来の赤緑連立は継続できなかった。2013年以来のヘッセン州黒緑連立政権の行方も，2017年連邦議会選挙を見越して注目される。

　ドイツ政党政治の先行きは，いまなお不透明である。再編成を始動させた少なくともひとつのきっかけは，シュレーダー政権時代にある。環境政策や外国人政策での成果にもかかわらず，第2次シュレーダー政権期には新自由主義傾向が強まり，赤緑連立は先行する保守政権以上にドイツをリベラルな市場経済の方向に推し進めた，との評価もある（Egle and Zohlnhöfer 2007, 517）。それを象徴するのがアジェンダ2010である。

　2003年3月の施政方針演説で示されたアジェンダ2010は，減税と競争力強化投資で経済活性化を図り，社会保障給付の縮小・厳格化との組合せにより財政と社会保障制度を立て直そうとする，総合的構造改革構想である。労働者や社会福祉受給者に厳しい内容は，社会民主主義の伝統に照らせば特異である。経済政策は，労働・福祉政策とも関連し，「右／左」軸上の対立関係を構成する。社会民主主義のネオリベラル化により生じた政党スペクトラム左側の真空地帯に左翼等（2005年以前はPDS）が地歩を得たことは，この対立軸を用いて説明できる。CDU/CSUの側でも，経済政策上の立ち位置変更が政党システムの構造変化を誘発し得ることは，2005年（および2009年）連邦議会選挙におけるFDPへの票流出や，その呼び戻しに成功した2013年選挙をみてもわかる。

　移民政策や家族政策におけるCDU/CSUのリベラル化は，個人主義・リバタリアン（自由至上主義）的価値の伸張による保守的権威主義の緩和とい

う数十年来の流れが，赤緑連立期に明確なかたちをとってあらわれたものである。リバタリアン的価値が緑の党やFDPにより代弁されてきたとすれば，二大政党間のみならず，大政党と小政党のあいだにも役割分担の流動化がみられることになる。リバタリアンと新自由主義とは，必ずしも矛盾しない。高所得の女性が仕事を続けられるような家族政策や，高度専門職外国人労働者を選別的に受け入れる政策の背後には，国際競争力維持という意図があるからである（小野 2009, 273）。

コソボ紛争（1999年）やアメリカ合衆国同時多発テロ（2001年）をはじめとする赤緑連立の外交・安全保障政策上の対応は，結果的に左翼党（PDS）のシステム定着を促した。平和主義というテーマは，新自由主義の論理に絡め取られることは比較的少ないが，政党間競合の主要な対立軸にはなりにくい。その意味でも左翼党はメインストリームと隔たりが大きく，同党を含んだ政権構想は（一部の例外を除き）現実味を帯びてこない。

二大政党の収斂傾向にもかかわらず，意見の相違が比較的顕著にあらわれる政策領域のひとつが，環境問題，とりわけ原子力政策だった。メルケル政権が脱原発に転じたことは，政党ブロックを分かつ最後の重要テーマであるエコロジー軸が，絶対的な分界線でなくなったことを意味する。脱原発か原発推進かではなく，脱原発をいかにマネジメントするかに，重点がシフトしていく。脱原発全党コンセンサスの形成は，ドイツ政治が新しい段階にはいったこととともに，政党政治を自明の前提とする分析方法そのものの問い直しが不可欠であることを示唆する（小野 2015, 122）。

（2） 主要政党の原子力政策の変遷

脱原発世論が政党政治に反映されていく過程は，しかしながら，単線的ではなかった。

「現代の矛盾，それは人類が原子の根源的な力を解放し，しかもいまやその結果に恐れおののき……」。これはSPDのバート・ゴーデスベルク綱領

(1959年採択)の書き出しの一節である。その少し後には、「原子力の時代にある人類が、日々増大していく自然に対する制御能力を平和目的だけに利用するならば、生活の労苦はなくなり、不安をなくし、そしてすべての人に福祉をもたらし……」との文言が続く（永井 1990, 12）。これは、当時の社会民主主義政党の立場がどのようなものだったかを物語る。原子力の軍事利用を否定する一方で平和利用に賛意を示し、安価で安定的なエネルギー供給源として経済成長や福祉に寄与することに期待した（本田 2012, 72）。

こうした姿勢を嫌って離反した者の一部が、緑の党を設立する。それは、SPD内部でも変革を促した。エコロジーやオルターナティブがニューリーダーの思考を特徴づけ、1984年の党大会は綱領改訂のための委員会を設置した。政党連立問題でも、緑の党との連立を容認する方向で党内世論が変わりつつあった。

チェルノブイリ原発事故がヨーロッパを震撼させたのは、そのようなときのことである。ヘルムート・コール（Helmut Kohl）首相（CDU）が、連邦環境省を設立するなどしつつも原発容認姿勢を崩さなかったのに対し、SPDでは脱原発派が勢いづく。ニュルンベルク党大会（1986年）では、全原発廃止を目的とした原子力法改正、新規原発への操業・建設許可交付の拒否、使用済み核燃料再処理の禁止、プルトニウムの経済的利用の放棄、原発輸出の禁止などを盛り込んだエネルギー政策案が採択された。

こうした議論はSPDベルリン綱領（1989年）に結実する。「Ⅳ　自由で、公平で連帯的な社会」の「4　エコロジー的ならびに社会的に責任のある経済」のなかの「エコロジー的革新」の項には、「われわれは原子力を使用せずに、無公害で確実なエネルギーの供給をできるだけ早く達成したいと思う。われわれはプルトニウム経済を誤った道であると考える」という文言がある（永井 1990, 111）。

いまにして思えば、日本の社会民主主義研究者は、ベルリン綱領の進歩的側面を過度に強調しがちだった（小野 2009, 351）。新たな価値志向と根強く

残る物質主義志向が緊張をはらみつつ併存する党内で，脱原発の方向に均衡点を見出し得た条件に留意すべきである。SPD の場合，伝統的支持基盤である労働組合を無視し得ない。景気低迷や雇用機会喪失につながりかねない脱原発路線への支持を，いかに調達するのか。じつは SPD は，早い段階から労働組合との新しい関係を模索している。1985年には「労働と環境」特別大会を開催し，環境保護と技術革新を通じた雇用創出策を打ち出した（坪郷 1989, 134-141）。

　環境と経済の両立可能性を強調するテクノロジー重視の方策は，エコロジー的近代化とよばれる。この理論潮流は，再帰的近代論（ベック，ギデンズなど）にも支えられ，社会科学者や政策決定者が，資本主義やテクノロジーを環境破壊の主因とみなすべきか否かといった1980年代の議論を超越しようとする際の手がかりとなっている（Mol, Spaargaren and Sonnenfeld 2014, 41）。ドイツ赤緑連立連邦政府の連立協定（SPD and GRÜNEN 1998）のⅣでは，エコロジー的近代化が新しいテクノロジー政策と産業政策の重点に据えられた。[3]

　エコロジー的近代化の鍵は，ビジネスにとりそこに金が生まれ（Dryzek 2013, 170〔丸山訳 2007, 212〕），市場経済に依拠した環境対策が経済的に割に合わないものを退出させることである。ドイツは，原子力事業の採算性悪化に際し事業者が撤退しやすい環境にあった（本田 2012, 64）。一部の環境保護運動にみられた価値的・原理的な反原発路線は，まったく影響力を失ったわけでなくとも，主流言説とはなりにくい。「エコロジー的に有害なものは高価につき，エコロジー的に適切なものは経済的に有利にならなければならない」という SPD ベルリン綱領の文言（永井 1990, 113）は，典型的なエコロジー的近代化の発想である。そのすぐ後に「エネルギー価格はもっと高価でなければならない」などと，環境と経済を対立的にとらえていた頃の残滓のような一節が続くのは，移行期の産物と理解されるべきだろう。

　かつては原発推進だった社会民主主義政党が，公式プログラムとして脱原発を掲げた意味は大きい。次なる里程標は，保守政党の側の変化である。

第7章　ドイツ・脱原発政策と政治の変容

政党が重要政策で立ち位置を変える場合，多大な思想的葛藤をともなう。一貫して原発に反対だった緑の党でさえ，新しい社会運動から議会政党を経て政権党へと至る過程で，反原発アドボカシー連合の解体を経験せねばならなかった。SPDに至っては，政党連立や政治的方向性を左右するテーマは，党内政策上の重大事だった。同党が今日までに脱原発路線を確立したとすれば，数々の内外からの揺さぶりを経るなかで選びとってきた結果である。

それに匹敵するレベルの議論の深まりが，福島原発事故後の短期間のうちに，保守主義陣営で進行したのだろうか。筆者が，「保守政権主導の脱原発の行く手を過度に楽観視することには，なおも慎重な立場をとりたいと思う」と書いたのは（小野 2014a, 168），残存する不確定要素ゆえの懸念を払拭できなかったためである。

（3）専門家委員会の役割

政策転換に際し，メルケルはふたつの委員会に助言を求めた。ひとつは原子炉安全委員会（RSK）である。16人の原子力専門技術者から構成される常設委員会で，福島原発事故後は連邦政府から国内原子炉のストレステスト（第5節参照）を要請された。同委員会は，2ヵ月後，ドイツの原発は（航空機の墜落を除けば）比較的高い耐久性をもっている，との鑑定書を提出する。もうひとつは，「安全なエネルギー供給に関する倫理委員会」（以下，「倫理委員会」という）である。

連邦環境相や国連環境計画事務局長などを歴任したCDUのクラウス・テプファー（Klaus Töpfer）とドイツ研究振興協会会長マティアス・クライナー（Matthias Kleiner）を長とする倫理委員会には，社会学者や哲学者，宗教関係者など，エネルギー問題には縁の薄い知識人が名を連ねる。技術的リスクを倫理的・社会構造的に評価し，社会的合意を得ることを任務として，福島原発事故後に設置された。2ヵ月の審議期間の後，「ドイツのエネルギー大転換／未来のための共同事業」をまとめ，2021年までに原発を全廃するよ

う提言する（Ethik-Kommission 2011, 9〔吉田・シュラーズ訳 2013, 20〕）。また，モニタリング制度を作り原発の停止とほかのエネルギー源による代替が予定どおり進んでいるか，電力の価格や供給に悪影響が及んでいないか監視するよう要請した。さらには，原発を廃止しても連邦政府が2010年10月に立案した2050年までの温室効果ガス削減目標（1990年比で80％削減）は堅持すべきことも確認された（Ethik-Kommission 2011, 39〔吉田・シュラーズ訳 2013, 58〕）。メルケルの脱原発政策は，結果として倫理委員会の提言に沿うものだった。

　倫理が政治を決するといえば聞こえはよく，日本では同委員会への注目度は高かった（本田・堀江 2014等）。だが，原子力の専門家を集めた委員会（RSK）や，倫理に関する常設委員会はほかにあり，法的拘束力をもたない倫理委員会の提言を優先する必然性はない。メルケル首相が独断で脱原発を決めたとの非難を回避するため，原子力に批判的な知識人を集めて，急遽，提言書をまとめさせたという在独日本人ジャーナリストの見方（熊谷 2012, 199）も，政治的リアリズムとして聞き捨てならない。過剰な期待をかけるのでもなく，すべてを政治的駆け引きに解消するのでもなく，専門家委員会の役割を政治学的に解明し，その変化の文脈上に倫理委員会を位置づけ直す視点が求められよう。

　政府が設置する専門家委員会ならこれまでにもあったし，そのなかには，法制化されたり政治慣行として定着したものもある。たとえば1963年に連邦経済省学術顧問委員会の提案で設立された経済諮問委員会（通称「五賢人会」）は，経済政策の専門的助言機関として年次レポートを作成する。倫理委員会はそれと同列に論じられない。メンバーは学識経験者だが，原子力やエネルギーの専門家ではないからである。また，彼らが特定の利益の代表者でない以上，ネオ・コーポラティズム型の政策協調とも区別される。むしろ，政府の行動に正統性を与え世論を説得する役割が，倫理委員会に期待されているふしがある。

　シュレーダー政権期には，フォーマルな委員会以外の専門家委員会の利用

が増え，新たな政策決定スタイルになったとの報告がある（Siefken 2007, 18）。その典型例は，アジェンダ2010改革を主導したハルツ委員会である。政労使三者協議による問題解決が行き詰まるのに代わり同委員会の提言が重用されたという経緯は，合意形成モデルからの決別を示唆する（小野 2009, 244）。その変化は突然起こったのではなく，周到に準備されていたとみるべきだろう。

　政府主導の改革に際し専門家委員会の役割が増大すれば，政党政治の経路がバイパスされる可能性もある。だが，あらゆる専門家委員会をそのようなものとみなす議論は，一面的だろう。ドイツでは原子力をめぐる政策対話の場が設けられてきたこと（第2節参照）を思い出そう。もし倫理委員会がこの延長上に位置づけられるものなら，市民に開かれた政策形成の端緒となり得る。熟議民主主義に関心を寄せる日本の研究者のなかに，倫理委員会やそれに先行する合意形成様式に注目する者がいるのも（壽福 2013等），偶然でない。

（4）　国策としての原子力政策のゆらぎ

　「原子力施設の設置に関する決定権が国家の主権にあるというのは，事故の被害が国境を越え得るものであることと，相互に矛盾します。ドイツは，現在の国際情勢から離れて孤立するようなことがあってはならないし，ほかの国々が原子力推進を決定しても，それによって直接的であれ，間接的であれ，左右されてはなりません。福島の事故の後の現在は，原子力の安全性についての国家レベルの諸規制を，欧州レベルや国際的なレベルに広げていく最善の時機です」。これは倫理委員会報告第12章「メイド・イン・ジャーマニーの国際的な側面」のなかの一節である。それに続き，2009年には，欧州原子力共同体（EURATOM）設立条約の第2次法となるEU指令が出されたことが紹介される（Ethik-Kommission 2011, 110〔吉田・シュラーズ訳 2013, 141〕）。

　原子力政策の功罪は国境を越えるのに，決定権は国家にあるという根本矛盾の指摘は，正当である。だが，欧州統合や経済グローバル化も視野に入れ

た対応の必要性なら，重大事故後に初めて明らかになったことではない。シュレーダー政権下での脱原発合意（2000年）の頃にも，欧州では電力市場自由化が実現しつつあった。

　電力市場自由化とは，電力供給の地域独占を緩和し，消費者が電力購入先を自由に選べるようにすることである。発送電分離が導入され，電力供給事業への新規参入が容易になる。環境意識の高い消費者は，再生可能エネルギー電力を選択的に購入できる。他方では，国境を越えた電力の輸出入が活発化するなか，原発の余剰電力を周辺国に輸出することも可能となる。原発推進論者がひと頃好んで口にした，ドイツの脱原発は原発大国フランスからの電力輸入により成り立っているという言説は，多国間ネットワーク化が進んだ欧州電力市場で二国間の輸出入バランスのみに注目するのは一面的であり，ドイツはトータルでは電力輸出国であることが明らかにされるなかで，信憑性を失っている（真下 2012, 341：坪郷 2013, 124）。だが，電力市場自由化や発送電分離が再生可能エネルギー普及の前提条件だとしても，それ自体が環境政策上プラスとは限らない。

　たしかに，原発とナショナルな政策枠組みの矛盾への注目は，一国規模では処理しきれない問題が福島原発事故を契機に露見したためである。放射線防護，放射性廃棄物の貯蔵や処分，住民避難を含む事故対応などが挙げられよう。これらは，欧州規模で立案し，より小さな地域的行政単位の協力を得て実施すべきものである。日本でも，国際原子力機関（IAEA）が示した緊急時防護措置準備区域（UPZ）という概念が住民避難計画の指針となり，地方自治体を巻き込んだアジェンダ変容を進行させた（小野 2016, 164）。国策としての原子力行政の問い直しは，トランス・ナショナルおよびローカル（リージョナル）といった両方向を指向するものにならざるを得ない。

　また，代替エネルギーとしての再生可能エネルギー促進には，大規模集中型から小規模分散型エネルギー供給システムへの移行という含みがある。『原子力帝国』の著者ロベルト・ユンクは，一見合理的な官僚制のもとでの

新しい専制政治に警鐘を鳴らした（ユンク 1989, 5）。中央集権政治から民主的価値と市民的自由を守るというのは，原発に反対する論拠のひとつである。欧州の反原発運動にこのような論理が貫かれていることは，政治的文脈と知的伝統を異にする日本においても，もっと重視されてよい。

EUは歴史的転換点にあるが，次節では，国際機関を通じた放射線防護の可能性とクリアすべき問題状況，その国内政治への影響などについて，検討しておこう。

5　EUの放射線防護対策の展開

（1）　2009年指令と改訂案

2009年7月2日，「原子力施設の原子力の安全性確保のための欧州共同体枠組みを制定する2009年6月25日の閣僚理事会指令（2009/71/EURATOM）」（以下，「2009年指令」という）が公布される。2002年以来の欧州委員会と加盟各国との議論の終着点をなす同指令は，植月献二によれば3度目のものだった。評価は分かれるものの（植月 2009, 18; Raetzke 2014, 52），IAEAの「原子力の安全に関する条約（CNS）」（1996年発効）などに依拠しつつ，実効性ある国内的規制機関設立，事業者責任，原子力安全上の専門知・技術および情報公開に関する義務づけなどを内容とする枠組み指令が作られた。EU加盟国は，2011年7月22日までに，これに従った国内政策策定を求められる。

その間，福島原発事故が起こる。2011年3月24，25日の欧州理事会は，既存の規制枠組みを見直し必要な改善策を講じるよう欧州委員会に要請した。これを受けて欧州委員会は，欧州原子力安全規制者グループ（ENSREG）とよばれる専門家グループと共同で，EU規模の発電用原子炉の包括的リスク評価（ストレステスト）を立ち上げる。欧州理事会は，また，2009年指令の完全履行をよびかけた。

だが議論は，ここで求められた水準を超えて進展していく。欧州委員会は，

ENSREGなどの意見もふまえ，2013年6月13日，2009年指令改訂に関する草案を提出する。同指令は一般原則にとどまり，技術的問題や専門家グループのイニシアティブに重点をおくものではない。新たなEURATOM立法が不可欠だったのである（Raetzke 2014, 43）。

　査察の仕組みの確立は，新たな論点である。EURATOMへの権限移譲は，指令改訂をめぐるENSREGの議論でも焦点となった。そこで示された選択肢は3つ。ひとつは，非中央集権モデルで，2009年指令はこの形態だった。つぎに，各国原子力規制機関とEURATOMが責任を分有する二元モデル。そして，欧州の原子力規制機関が一元管理を行う中央集権モデル。ENSREGは，非中央集権モデルが合意を得やすいとの判断から，安全基準の策定を各国規制機関に委ねつつ，IAEA，経済協力開発機構（OECD）の原子力機関（NEA），西欧原子力規制者会議（WENRA）などの国際フォーラムでの協調を通じて安全性強化に寄与する案を示した（Raetzke 2014, 66）。

　情報公開と監視体制強化は不可欠の要素である。専門家の知見を結集したフレキシブルな仕組みとして考案されたのが，ピアレビューという方法である。まず，加盟国は，欧州委員会との緊密な協力のもと，原子力安全と関連するテーマを選定する。それに基づき，各国ごとにアセスメントが実施され，その結果が公刊される。引き続き行われる加盟国によるピアレビューには，欧州委員会もオブザーバとして参加する。2013年の欧州委員会提案では，この方式が採用された。そこでは，欧州委員会それ自体を査察機関とする発想は退けられているが，ピアレビューに基づく技術的勧告の不履行や遅滞に際しては義務の遂行を促す立場に立つ（Raetzke 2014, 67）。

　ここには，統一的な原子力政策不在のもとで脱原発国と推進国，核兵器保有国と非保有国が併存する欧州において，超国家機関を通じた放射線防護規制がどこまで可能か，という問題が垣間みえる。欧州における原子力規制制度の枠組みについてふり返っておこう。

（2） EURATOM と IAEA

　欧州原子力共同体（EURATOM）には，欧州原子力共同体条約2条に基づき，核燃料の研究・供給・統制と共同核燃料市場の構築の権限が移譲される（ヘルデーゲン 2013, 378）。同条約第7章「防護措置」は，77条において，欧州委員会の責務を「鉱石，原材料，および特殊な核分裂性物質が本来の使途から逸脱することなく」，「第三国ないしは国際組織との合意に由来する防護措置上の義務づけが満たされる」ことと定める。前半は，原子力事業者を統制し軍事用核物質の不拡散を確実ならしめる一般的義務であり，後半は，欧州共同体が域外諸国や国際組織（IAEAなど）に対して負う国際法上の義務とかかわる（Raetzke 2014, 99）。

　欧州委員会は，EU加盟国領土内に査察官を派遣し，鉱石，原材料，および特殊な核分裂性物質に対する防護措置の適用のために必要な範囲ですべての原子力施設，データ，人員への常時のアクセス権を有する。査察拒否に対しては緊急措置が，基準不履行に対しては欧州委員会指令，欧州裁判所への提訴，事業者への制裁などが行われることがある。ここまで強い権限が欧州委員会に付与されるのは，ほかの政策領域ではほとんど例をみない。原子力事業者に課せられる責務は，「EURATOM防護措置の適用に関する2005年2月8日付け欧州委員会（EURATOM）規則302/2005」のなかで詳細に規定される。それに基づく勧告も，いくつか出されている。勧告はEU法制上の拘束力を有しないが，実際には「ソフトな法」として広範に認知される（Raetzke 2014, 100-101）。

　IAEAは，原子力の平和利用促進と軍事転用されない保障措置のため，アメリカ合衆国大統領ドワイト・アイゼンハワー（Dwight D. Eisenhower）の主導で1957年に設立された。欧州委員会の査察が平和利用に限られるのに対し，IAEAの活動は軍事力としての核も対象とする。核不拡散条約（NPT）を批准した非核保有国は，軍事転用禁止規定の受入とIAEAの査定を義務づけられる（核保有国には査定の義務づけはない）。EUでは，英仏を除く26加

盟国がそれに該当する。NPT3条1項および4項を履行するための非保有国，EURATOM，IAEA間の協定は，1973年に調印された（発効は1978年）。核兵器保有が認められるイギリスとフランスも，それぞれ1976年と1978年に，EURATOMおよびIAEAと自発的に協定を結び（1998年の「追加プロトコル」も同様），平和目的の核物質についてはEURATOMの防護措置を受け入れている（Raetzke 2014, 104-106）。

　EURATOMとIAEAは，1992年のパートナーシップ協定に基づき，制度や技術の開発，訓練，査察を共通に行う。それぞれ独立の組織だが，一方の活動成果が他方で利用されることもある。両者の協働の深化には，IAEAが欧州外（イラン，北朝鮮など）での活動に傾注できるメリットもある。こうした協働関係に注目すれば，2009年指令改訂の含意も明らかになろう。IAEA基準に依拠しつつも，法的拘束力は強くないCNSの難点を克服するために，複雑な手続と利害関係の絡む国際条約改訂を待つことなく，欧州独自の法改正を先行して行うのである（Raetzke 2014, 42）。

　欧州規模のクロスナショナルな放射線防護体制は，世界的には例外である。それ以外の地域ではIAEA安全基準が，いまのところ最も汎用性のある国際協定となる。チェルノブイリ原発事故以後の状況変化，とりわけ福島原発事故を直接の契機として，IAEAはこの分野の国際協力を重視する。2011年6月の国際閣僚会議を経て，世界的な原子力安全の枠組みを強化するための行動計画が，同年の第55回IAEA総会で承認された。2012年8月には，事故の初期分析と条約の実効性を検討するためのCNS条約締約国特別会合が開催された。2014年3～4月の第6回検討会合では，長期の電源と冷却の喪失に耐える追加設備の導入，信頼性向上のための電源系統強化，サイト特有の外部の自然ハザードと複数ユニット事象の再評価，極端な外部事象と放射線ハザードからの防護を確保するためのサイト内外緊急時対策所の改善，格納容器の健全性を維持するための対策の強化，およびシビアアクシデント関連規定と指針の改善を含む，安全性向上策の実施についての報告がなされた。

一連の議論は，2015年2月の原子力安全ウィーン宣言に結実する（IAEA 2015, 2）。

2015年8月に出された報告書の巻頭言で，天野之弥事務局長は，「IAEA安全基準は，何が高水準の安全を構成するかについての国際的なコンセンサスを反映している。この安全基準も事故後，安全基準委員会によって検討が行われ，幾つかの改正が提案され，採択された。私は，すべての国に対して，IAEA安全基準を完全に実施するよう奨励する」という。放射線防護がテーマ化するなかで，IAEAは，専門家の知見を集めた国際シンクタンクの性格を強めている。その活動を効果的に行うためにピアレビュー方式がとられるのも，EURATOMの場合と並行関係にある。

「つねに疑問をもち，経験から学ぶ開かれた姿勢が安全文化への鍵であり，原子力発電に携わるすべての人々にとって必要不可欠である。安全はつねに最優先でなければならない」というのが，IAEA報告書を貫く根本思想である。「（福島のような）事故が二度と起きないようにするために，人知のかぎりを尽くさなくてはならないという認識」は，「今後数十年にわたり，原子力発電の利用が世界的に拡大し続けると見込まれる」ゆえに重要である（IAEA 2015, vi）。つまり，脱原発（原発縮小）を掲げたうえでの安全対策ではない。

ヨーロッパでも，欧州連合の機能に関する条約194条2項2段が「エネルギー資源を開発する条件，エネルギー源に関する選択，およびエネルギー供給の一般的構造を決定する加盟国の権利」を認めている以上（ヘルデーゲン 2013, 378；鷲江 2009, 263），原子力発電を続けるか否かは各国の専決事項である。このようななかで，脱原発を追求するドイツのような国には，いかなる展望があるのか。これはEUの原子力政策とともに，国家主権という国際政治の根本問題とかかわることである。

（３）　超国家機関と国家主権

　EURATOM を設立する条約は，欧州経済共同体（EEC）設立条約とともに1957年に締結された（ローマ条約）。それらに1953年発足の欧州石炭鉄鋼共同体（ECSC）を加えた３共同体は，1967年には欧州共同体（EC）に，1993年には EU に発展する。EU 発足の法的根拠をなすマーストリヒト条約は，何度か改訂され，現在はリスボン条約（2009年発効）が基本条約となっている。同条約は，「欧州連合条約」と「欧州連合の機能に関する条約」（訳語は文献により異なる）から構成される（小久保 2014, 277；ヘルデーゲン 2013, 106；鷲江 2009, 5; 8）。欧州憲法をもつ構想は挫折したが，単なる地域的経済協力（共通市場）を超えた統合をめざす。2016年時点で EU 加盟国は28ヵ国，欧州統一通貨（ユーロ）参加国は18ヵ国である。[5]

　欧州連合条約13条１項は，欧州議会，欧州理事会，理事会，欧州委員会，欧州裁判所，欧州中央銀行，欧州会計検査院を EU の主要機関として挙げるが，これら（欧州中央銀行を除く）は同時に EURATOM の機関でもある（ヘルデーゲン 2013, 55）。欧州理事会（European Council）では，加盟国首脳と欧州委員会委員長が少なくとも年４回会合し，EU 統合の方向性や重要課題についての決定をくだす。ただし，長年，EU の立法と行政を中心的に担ってきたのは，欧州委員会，理事会（Council），欧州議会である。

　欧州委員会は，各加盟国が１名ずつ派遣する委員からなり，執行機関としての役割を果たす。理事会には，議題に応じて加盟国の担当閣僚級の代表が出席し，EU の通常業務に関する最終決定を下す。EU 法を制定する場合，欧州委員会が独占的に提出する法案を，欧州議会が理事会と協力のうえで審議する。近年，欧州議会の権限は強化されつつあるとはいえ制約は多く，欧州議会選挙（５年ごとに実施）の投票率も高くない。

　EU のような超国家機関が加盟国の主権にどこまで踏み込めるかは，つねに深刻な論争点である。EU 市民の不安を考慮して，リスボン条約は，EU と加盟国との権限関係をある程度明確に区分する。関税同盟，域内市場の競

争政策,ユーロ圏の金融政策,共通漁業政策に基づく海洋生物資源の保全,共通通商政策などの領域では,加盟国から完全に権限が移譲され,EU は独自に共通政策を実施している。加盟国が完全に権限を移譲せず,EU と協調しながら政策を進めるのが,域内市場,一定の社会政策,環境,消費者保護,運輸,エネルギー,自由・安全・司法領域である。従来どおり国別に行われるが,合意があれば EU として共通枠組みの設定も可能なのが,人間の健康・改善,産業,文化,教育,観光,経済・雇用政策,共通安全保障政策である(小久保 2014, 281)。共通政策は,各国レベルでは十分な効果を上げられない分野にかぎって EU レベルで行われ(補完性の原則),その目標は基本条約に定められたものを超えてはならない(比例性の原則)。加盟国議会の EU の政策決定への参与は,「補完性の原理および比例性の原理の適用に関する議定書」により具体的に規定される(鷲江 2009, 53)。

　これを EU の政策決定(立法)手続を例にみておこう。採択される法規の種類を,欧州連合の機能に関する条約288条は次のように定義する。「規則(Regulation)は,一般的な効力を有する。規則は,そのすべての要素について義務的であり,すべての加盟国において直接適用される。指令(Directive)は,達成されるべき結果について,それが宛先とするそれぞれの加盟国を拘束するが,方式および手段の選択は加盟国当局に委ねられる。決定(Decision)は,そのすべての要素について義務的である。宛先としている受領者を特定している決定は,受領者のみを拘束する。勧告(Recommendation)および意見(Opinion)は,なんら拘束力を有しない」。上述した放射線防護関連の諸法令も,このように EU 法制上のステータスが異なっているのである。

　一般的に適用され拘束力をともなう法形式のうち,指令の場合,加盟国は一定期間内に国内法に転換することを義務づけられる。加盟国に一定の形成裁量を残すため,規則よりもマイルドな手段というのが建前である。ところが,立法実務における指令の規定は仔細で,国内法転換にあたって微々たる

裁量しか国内機関に残さない（ヘルデーゲン 2013, 122）。今日，この種の立法は増えており，たとえば2007年にはドイツの元連邦大統領ローマン・ヘルツォーク（Roman Herzog）らが，ドイツの法律の84％がEU起源のものであるとEUの集権化を批判したこともある（森井 2007, 43）。

　ドイツ連邦共和国に統治権が残存しているかぎり，国際法規範が国内法上の直接効力を生じさせることはない。それにもかかわらずEU法に拘束されるのは，一定分野では公権力行使の権限を超国家機関に移譲しているからである。その根拠条項は，ドイツ基本法（憲法）24条1項と23条である。権限移譲には，憲法の基本的構造原理による制限がある。それゆえEUの側からみれば絶対的に妥当する「EU法の優位」は，ドイツ憲法の側からみれば原則として妥当するにすぎない（ヘルデーゲン 2013, 176-178）。

　権限移譲がどこまで，どのように行われるかは，実際の判例を積み重ねていくしかないというのがひとつの解答だろう。2002年の欧州裁判所判決（C-29/99）により，EURATOMには原子力行政上の広範な権限が付与されたといわれる。だがこの判決は，EURATOMがCNS14条（安全性の評価・検証），18条（設計・建設），19条（操業）とかかわる権限を有するという評決を，欧州原子力共同体条約33条2項にいう加盟国に対し勧告を作成する権限によってのみ根拠づけている。2009年指令では，EURATOMの立法権限そのものが重要な意味をもつ。拘束力ある立法のためには，欧州原子力共同体条約31条および32条にいう安全基準を定義し補足する権限が必要なのであり，勧告を作成する権限だけでは十分でない（Raetzke 2014, 57）。

　EURATOMによる原子力安全政策が勧告という拘束力の弱いものにとどまるかぎり（欧州裁判所がそれ以上に積極的な判示を回避するかぎり），この政策領域においても国家主権の壁が強固に立ちはだかることになる。

(4)　欧州政治のなかのドイツの脱原発

　こうしたEUの動きとドイツのメルケル政権の脱原発政策とは，どのよう

な相互作用を及ぼし合うのだろうか。ふたつの委員会，すなわち原子炉安全委員会（RSK）と倫理委員会の機能や政治的役割を思い起こそう。

　EU の放射線防護の枠組みは，既存原子炉のストレステストとして具体化した。各国が提出したデータを相互評価する方式（ピアレビュー）も確立された。ドイツ国内でそれを行う RSK は原子力の専門家集団でなければならず，この点が倫理委員会とは異なる。

　ここから派生するもうひとつの重要な相違として，RSK には EU 法制上の裏付けがあるのに対し，倫理委員会は国内の（非常設）委員会である。そのため同委員会は，欧州政治からは比較的自由にエネルギー政策の未来を構想し得る。国内で厳しい放射線防護基準（原発そのものの廃止）を設けるのは主権国家たるドイツの権利だが，逆にいえば，それが EU のスタンダードであるわけではない。

　ここに浮上するのは，政治共同体内に複数のスタンダードが併存する場合の調整様式の問題である。メルケル首相はよりラディカルな改革を求める倫理委員会を重用したが，それとは別の選択をする国があっても，EU は国家主権を侵すかたちで介入できない。もし，欧州規模の脱原発運動が欧州市民の世論を変位させるなら，ドイツの厳しい基準が欧州スタンダードになる可能性もないわけではない。ただしそれは，機構としての EU に組み込まれた政治的経路ではない。

　EURATOM であれ IAEA であれ，最近では，放射線防護の領域で重要な役割を演じている。だが，原子力政策の決定権は各国にある。超国家機関にできるのは，立場のちがいを超えて，共通の関心事における具体的（技術的）問題を処理することぐらいである。

　ただし，具体的課題の内容は変化し得る。たとえば，「使用済燃料及び放射性廃棄物の責任ある安全な管理のための欧州原子力共同体における枠組みを整備する2011年7月19日の理事会指令（2011/70/EURATOM）」にみられるような，新しい課題への取組がある（植月 2012; Raetzke 2014, 32-34）。原子

力利用を前提としている,一定の条件下で処分場を他国と共有し得る(汚染者負担原則の抜け道になる)などといった批判はあろう。だが放射性廃棄物の管理は,脱原発を選んだ場合でも長期(半永久的)にわたり背負っていかねばならない難問である。ドイツの倫理委員会の立場は,「放射性廃棄物を将来的にも取り出し可能な仕方で,最高度の安全性要求のもとで貯蔵管理することを提言します」(Ethik-Kommission 2011, 15; 105〔吉田・シュラーズ訳 2013, 26; 133〕)などと抽象的である。場合によっては EU が,この分野で問題解決の先駆者となることもあり得よう。

6 脱原発研究の転換点

　本書は,環境政策史の開拓に向けた試みの一環をなす。そこには,本来的に学際研究であるべき環境政策論において,諸学問間の架橋を促進するために歴史研究を重視するという含みがある。各章の執筆者には,個々のテーマが本書全体の方法論とどのように接合するのか示すことが求められる。本章においても,時間性を意識した政治過程分析が知見の豊富化に寄与しているなら,とりあえず目標は達成されたといえよう。

　環境問題は,問題の発現から政策アジェンダ化まで,短期間で急速な展開をみせることがある。原子力(原発)政策の場合,最先端の巨大技術であること,兵器としての核と切り離せないものであること,重大事故を実際に経験したことなどにより,変化の度合いはとりわけ大きかった。パースペクティブの拡張はつねに求められるが,近年の具体例として,本章では,政党政治の自明性喪失にともなう問題や欧州規模での原子力政策に言及した。

　従来の脱原発研究が,一国単位の政策選択やその各国比較を通じ「原発イエス／ノー」をゴールとした政治過程分析として行われることが多かったなか,EU の原子力政策は手薄になりがちだった。ヨーロッパレベルへの権限移行を論じる際にも,時間性への視点は重要である。そこには,経済グロー

第7章　ドイツ・脱原発政策と政治の変容

バル化や地球環境問題への認知度の高まりのように中長期的トレンドとしてある程度予測可能なものと，冷戦の終焉や原発事故のように偶発的なものとがある。しかも原子力政策のクロスナショナル化は，ローカルポリティクスからの問い直しとワンセットである。学際研究を通じた知見の豊富化がますます求められる。

　なお，環境政策における時間性といっても，原子力政策は特殊な位置にある。たとえば放射性廃棄物処理では，数万年単位の時間が問題になる。もはや人知の及ぶ範囲を超えて，責任を負わねばならぬ状況を作り出した。「高レベル放射性廃棄物」の処分を考えるには，技術的な問題だけでなく，「時間」という哲学的かつ倫理的な問題に直面する（倉澤 2014, 230-231）。管見によれば，政策論と思想系学問の境界領域は，近年の学問状況の中では未開拓な印象があるが，学際研究により視野を拡張すべき重要テーマである。

注
（1）　紙数の関係で簡略化された記述となるが，詳細は既発表の拙文（小野 2012；小野 2014a）などを参照されたい。
（2）　連邦議会とともにドイツの二院制を構成する連邦参議院へは，各州が人口比に応じて議員を派遣する。票決に際し，各州は持ち票を統一的に行使しなければならない。
（3）　これに対する筆者の見解は，小野（2014b: 124）を参照。
（4）　駐日欧州連合代表部の公式ウェブマガジン（EU MAG）の2012年5月10日付け記事（http://eumag.jp/behind/d0512/）も参照。
（5）　2016年6月の国民投票でEUからの離脱を選択したイギリスも含む。

参考文献
IAEA（2015）「福島第一原子力発電所事故事務局長報告書」（http://www-pub.iaea.org/MTCD/Publications/PDF/SupplementaryMaterials/P1710/Languages/Japanese.pdf）．
植月献二（2009）「原子力と安全性──EU枠組み指令：その背景と意味」『外国の立法』242: 3-43．
─── （2012）「使用済燃料及び放射性廃棄物管理に関する欧州原子力共同体の枠組み指令」『外国の立法』252: 26-49．
小野一（2009）『ドイツにおける「赤と緑」の実験』御茶の水書房．

―――（2012）「『政策過程』としての脱原発問題――シュレーダー赤緑連立政権からメルケル中道保守政権まで」若尾・本田編，223-260。
―――（2014a）「連立と競争――ドイツ」本田・堀江編，152-170。
―――（2014b）『緑の党――運動・思想・政党の歴史』講談社。
―――（2015）「2000年代ドイツにおける政党政治再編成」『日本比較政治学会年報』17: 101-126。
―――（2016）『地方自治と脱原発――若狭湾の地域経済をめぐって』社会評論社。
熊谷徹（2012）『なぜメルケルは「転向」したのか』日経BP社。
倉澤治雄（2014）『原発ゴミはどこへ行く？』リベルタ出版。
小久保康之（2014）「欧州統合―― EU統合の『深化と拡大』」長谷川雄一・金子芳樹編『現代の国際政治　第3版――ポスト冷戦と9.11後の世界への視座』ミネルヴァ書房，262-287。
資源エネルギー庁（2016）『平成27年度エネルギーに関する年次報告――原油安局面における，将来を見据えたエネルギー安全保障のあり方』（経済産業省ウエブサイト http://www.enecho.meti.go.jp/about/whitepaper/ よりダウンロード可）。
壽福眞美（2013）「社会運動，討議民主主義，社会・政治的『合意』――ドイツ核エネルギー政策の形成過程（1980～2011年）」舩橋晴俊・壽福眞美編『公共圏と熟議民主主義――現代社会の問題解決』法政大学出版局，239-271。
坪郷實（1989）『新しい社会運動と緑の党／福祉国家のゆらぎの中で』九州大学出版会。
―――（2013）『脱原発とエネルギー政策の転換――ドイツの事例から』明石書店。
永井清彦（1990）『われわれの望むもの――西ドイツ社会民主党新綱領』現代の理論社。
中川洋一（2015）「2013年ドイツ連邦議会選挙の分析と連邦政治への含意」日本政治学会編『年報政治学』2015-I, 235-258。
中谷毅（2016）「『再国民化』と『ドイツのための選択肢』――移民問題およびユーロ問題との関連で」高橋進・石田徹編『『再国民化』に揺らぐヨーロッパ――新たなナショナリズムの隆盛と移民排斥のゆくえ』法律文化社，83-103。
ヘルデーゲン，マティアス（2013）中村匡志訳『EU法』ミネルヴァ書房。
本田宏（2012）「ドイツの原子力政策の展開と隘路」若尾・本田編，56-104。
―――（2014）「対立と対話――ドイツ」本田・堀江編，131-149。
本田宏・堀江孝司編（2014）『脱原発の比較政治学』法政大学出版局。
真下俊樹（2012）「フランス原子力政策史――核武装と原発の双璧」若尾・本田編，302-359。
森井裕一（2007）「ドイツ――対EU政策の継続性と変容」大島美穂編『EUスタディーズ　3　国家・地域・民族』勁草書房，31-49。
ユンク，ロベルト（1989）山口祐弘訳『原子力帝国』社会思想社。
若尾祐司・本田宏編（2012）『反核から脱原発へ――ドイツとヨーロッパ諸国の選択』昭和堂。
鷲江義勝編（2009）『リスボン条約による欧州統合の新展開――EUの新基本条約』ミネ

ルヴァ書房。
渡辺富久子（2011）「ドイツにおける脱原発のための立法措置」『外国の立法』250: 145-171。
Dryzek, John S. (2013) *The Politics of the Earth: Environmental Discourses* (Third Edition), Oxford, Oxford University Press（丸山正次訳（2007）『地球の政治学――環境をめぐる諸言説』風行社）.
Egle, Christoph and Reimut Zohlnhöfer (eds.) (2007) *Ende des rot-grüne Projektes: Eine Bilanz der Regierung Schröder 2002-2005*, Wiesbaden, VS Verlag.
Ethik-Kommission Sichere Energieversorgung (2011) Deutschlands Energiewende: Ein Gemeinschaftswerk für die Zukunft, Berlin（安全なエネルギー供給に関する倫理委員会（2013）『ドイツ脱原発倫理委員会報告――社会共同によるエネルギーシフトの道すじ』吉田文和, ミランダ・シュラーズ編訳, 大月書店）.
Mol, Arthur P. J., Gert Spaargaren and David A. Sonnenfeld (2014) "Ecological Modernisation Theory: Where Do We Stand ?", in Martin Bemmann, Birgit Metzger, and Roderich von Detten (eds.) *Ökologische Modernisierung: Zur Geschichte und Gegenwart eines Konzepts in Umweltpolitik und Sozialwissenschaften*, Frankfurt/M., Campus Verlag, 35-66.
Poguntke, Thomas (2003) "Bündnisgrünen nach der Bundestagswahl 2002: Auf dem Weg zur linken Funktionspartei ?", in Oskar Niedermayer (ed.), *Die Parteien nach der Bundestagswahl 2002*, Leverkusen, Leske + Budrich, 89-107.
Raetzke, Christian (ed.) (2014) *Nuclear Law in the EU and Beyond: Atomrecht in Deutschland, der EU und weltweit: Proceedings of the AIDN/INLA Regional Conference 2013 in Leipzig*, Baden-Baden, Nomos Verlagsgesellschaft.
Rüdig, Wolfgang (2000) "Phasing Out Nuclear Energy in Germany", *German Politics*, 9(3): 43-80.
Sartori, Giovanni (2005) *Parties and Party Systems: A Framework for Analysis*. Colchester: ECPR Press（岡沢憲芙・川野秀之訳（2000）『現代政党学――政党システム論の分析枠組み』早稲田大学出版部）.
Siefken, Sven T. (2007) *Expertenkommissionen im politischen Prozess: Eine Bilanz zur rot-grünen Bundesregierung 1998-2005*, Wiesbaden, VS Verlag.
SPD and GRÜNEN (1998) Aufbruch und Erneuerung: Deutschlands Weg ins 21. Jahrhundert: Koalitionsvereinbarung zwischen der Sozialdemokratischen Partei Deutschlands und BÜNDNIS 90/DIE GRÜNEN, Bonn.
Walter, Franz (2010) *Gelb oder Grün ? Kleine Parteiengeschichte der besserverdienenden Mitte in Deutschland*, Bielefeld, transcript Verlag.

第8章

環境配慮のための法制度の推移
――漁業法と農薬取締法にみる環境配慮――

辻　信一

1　法制度に基づく環境配慮

　環境法はおもに行政法のなかから形成されてきた。環境法は、良好な環境の保全を推進することにより、国民の健康の保護、生活環境の保全、生態系としての自然環境の保全、または生物多様性の保護などを図ることをその目的としている[1]。環境配慮のひとつの形態として、法律の目的に環境保護の側面が加わる一連の動き（環境法化）が注目されている（及川 2010, 63）。本章においては、「環境保全以外の目的で制定された法律が、環境保全や生態系保護を目的に加える現象」を環境法化と考えて考察を進める（辻 2016, 2）。

　本章では、自然環境に深くかかわっている漁業法と農薬取締法（昭和23年7月1日法律第82号）のふたつの法律を対象として、それぞれの法律がどのような観点から自然環境の保護を規定しているか、そして時代の推移とともに、どのように環境配慮を行ってきたのか、それによってそれぞれの法律がどのような経緯で環境法化したのかを考察する[2]。

　このふたつの法律をとりあげたのは、次の理由からである。

　漁業法は、一般的には環境法とは考えられてはいないが、自然界の資源である魚介類、海藻などを採取する漁業の秩序を維持するための法律である。現行の漁業法にも目的規定において「漁業生産に関する基本的制度を定め」、それによって「漁業生産力を発展させ」ることが規定されている（漁業法1

条)。この目的を遂げるためには，漁業資源の採取を持続可能な範囲内で行わなければならず，環境基本法などで基本理念とされている「人類の存続の基盤である環境が将来にわたって維持されるように」(環境基本法3条)漁業を行わなければならない。つまり，漁業が発展するための基本的な発想として持続可能な漁業生産の考え方が根底にある。このような基本的な発想をふまえ，漁業法がどのように環境に配慮してきたのかを漁業法およびそれに関連する法律を含めて考察する。

一方，農薬取締法は，制定当初は「不正粗悪な農薬を取締るとともに，農薬の品質向上をはかる」[3]ために制定された法律で，農薬の使用に際して環境配慮を促す規定はなかった。しかし，改正により環境配慮規定が定められた(さらにその後「国民の生活環境の保全に寄与すること」が目的規定に加えられた)。これによって，農薬取締法は環境法としての性格を有するようになった。すなわち，環境法化したと考えられる(辻 2016, 37-38)。

このような経緯をふまえ，もともと自然環境保全の考え方を内包しつつ漁業秩序を維持する法律として発展した漁業法と最初は環境法とはいえなかったがその後環境法としての性格を帯びて発展した農薬取締法の発展経緯とその背景を考察する。これにより法制度に基づく環境配慮である環境法化がどのように形成されるのかを知る手がかりとなればと思う。

2　漁業法の発展と環境法化

(1)　明治期の漁業秩序の形成
①封建的漁場支配の動揺と温存

明治時代に制定された法律の多くが，ドイツやフランスなどの法律を範として制定された中で，漁業法は，これらとは異なり，江戸時代末までに形成されてきた漁業秩序を基にして形成された(潮見 1954, 38)面がある。このように形成された要因を探るには，その時代背景をみなければならない。

明確な境界線がない一定の限られた海域である漁場が漁業の生産現場であり，かつ，漁業は魚介類や海藻などの自然の資源を採取する産業である。そのような状況で持続的に漁業を行うには必然的に，一定のルール（秩序）が必要である。漁業が産業として形成された江戸時代，藩による統制を受けて，一定の秩序が形成された。漁船や漁具が未発達の江戸時代にあっては，漁船の操業範囲が限られ，漁獲量にも限界があったため，おおむね藩による統制によって漁業秩序が保たれていた（羽原 1957）。

明治維新により幕藩体制が崩壊すると，いかにして漁業秩序を維持すべきかとの課題が明治政府に課された。明治政府は政治，経済の近代化を進めることを国是として掲げ，封建的身分制度の撤廃，営業の自由など近代化を推進する政策を打出した。明治維新にともなう封建的な身分制度の撤廃は，それまでの封建制度のもとで網元に隷属していた零細な漁民層に与えた思想的影響は大きく，封建的漁場支配機構の根本を動揺させた。この動揺は一部では，従来の漁場支配体制への反発として漁場紛争に発展した（青塚 2000, 24-40）。

明治初期に生じた漁場紛争は，表面上は自由思想に基づく自由な漁業の公認をめざしながら，根本的には旧制度に基づく網元支配体制の打破をめざしたものであった。しかし，この動きは，封建的な利益を維持しようとする網元層の激しい抵抗に直面した（青塚 2000, 46-58）。

②海面官有宣言と海面借区制

1875（明治8）年12月19日，明治8年太政官布告195号により，海面が官有であることが宣言され，漁業を行う者は，海面の借用を出願することとなった。さらに，同日，明治8年太政官達215号により，漁業を行う者から出願があった場合，管轄庁は，調査のうえ許可することとされた。翌1876（明治9）年7月には，明治9年太政官達74号により，海面利用に関する税金を府県税として賦課することとされた（赤井 2005, 14）。

明治9年太政官達74号によって海面利用に関する賦課が認められた各府県は，漁業取締規則などを公布して旧来の漁場占有利用関係を基調として漁場管理を行うこととなった（二野瓶 1962, 164）。

③漁業組合準則の公布

1886（明治19）年漁業組合準則（明治19年5月6日農商務省令第7号）が公布され，漁業生産と漁業秩序の維持にあたる主体である漁業組合が形成された。

この背景には，この当時，生産性の高い漁法をもって進出する新規の漁業者と従来からの網元層との紛争が多発したことがあげられる。明治初期には漁業に従事する人の増加により，漁獲高は一時的に増加したが，その後，漁獲高が低下していった。これは，乱獲による資源量の低下が発生したためと考えられる。これが，漁業紛争の一因となり，その対応策として漁業組合制度が提案された（牧野 2013, 48-49）。

漁村において漁業組合を形成することは，漁業および漁場をめぐる紛争を防止するため，江戸時代以来の世襲的な漁業従事者だけでなく新規の漁業者をも統合した形で漁業および漁場の秩序維持団体（統制団体）を編成するためにとられた措置であると考えることができる（青塚 2000, 351-352）。

このようにして，各府県の漁業取締規則と漁業組合準則により，明治初期の漁業秩序維持体制は形成された。これらの制度が基礎となって明治34年の漁業法が準備されることとなる。

（2）明治34年漁業法の制定

①漁業紛争の質的変化とその対応策の模索

1886（明治19）年の漁業組合準則の公布以降も漁場をめぐる紛争はおさまらなかった。そして，紛争の性質に変化が生じた。明治10年代までの紛争が網元支配体制に対する漁民たちの反発が表面化したものであった。一方，明

治20年代の紛争は，旧体制に基盤をおく網元層に対して，新興の漁業者が網元など旧体制が独占していた漁場における操業の自由（漁場の分割，解放）を求めて争いが生じたものであった。場合によっては，従来からその地域の漁場を支配していた漁村に対して，新興漁村が当該漁場における操業の自由を求めて争いが生じたこともあった（青塚 2000, 395-396）。

このような漁業紛争に対して，漁業組合を基礎とした漁業従事者の自主的な漁業管理体制では収拾することができず，強力な国家権力に基づく法律による直接的な漁場統制が必要であるとの意見がしだいに広がってきた。このうち，ひとつの考え方は，網元層の意向を受けて復古的な封建的漁場支配の再現をねらったものである。すなわち，従来の慣行にしたがった漁場秩序を法律に持ち込み，そのような法律を拠りどころとして地元の網元層を中心とした漁場支配をめざす考え方であり，慣行的漁場主義と呼ばれた。その支持者は，「慣行派」と呼ばれ，議会でこの考え方に基づき法制化を推進する者としては，貴族院議員の村田保が代表的存在であった（青塚 2000, 398-404）。

このような慣行派の考え方に対して，新興の漁業者は反対し，個人に定置漁業の漁場専用権などを与え，法律によって，それが排他独占的な権利であることを認めるべきだと主張した。漁業権の物権化の方向である。この考え方は，欧米の法思想に共鳴した当時の農商務省の官僚グループが推進者であり，このような考え方は自由主義的法思想と呼ばれ，その支持者は「急進派」または「自由主義派」と呼ばれた。北海道の漁業者にこのような意見がみられた（青塚 2000, 404-407）。しかし，漁業権の物権化の意向は，北海道の漁業者に限られたものではなく，北海道以外の大規模な漁場における漁業者にもみられた（羽原 1957, 219）。

このような情勢のもとで，1893（明治26）年に村田は，第5回帝国議会に漁業法案（第1回村田案）を提出したが，審議未了のため廃案となった。

第1回村田案は，漁場の区域は慣行による（3条）とし，漁業を営もうとする者は地方長官の免許を受けなければならない（8条）。養殖業を営むた

め水面の一部を区画して利用する場合は地方長官に出願し免許を受けなければならない（9条）とされている。これらをみれば，それまでに公布された太政官布告などを継承しているといえる。

　また，漁場の区域に関して紛争が生じた場合は，その地域に応じ，ひとつの市町村内であれば市町村長が決定を下し，複数の市町村にわたりひとつの県内であれば，地方長官が決定を下すこととなっており(6)（4条），これらの決定裁決に対しては訴訟の提起ができない（7条）。このように，第1回の村田案は，網元層を中心とする従来の漁業秩序の固定化を図り，漁場に関する紛争に対しては行政機構による裁決によって決着させる仕組みをとり，現状維持を図ることが意図されていた（青塚 2000, 401-402）。

　1895年（明治28年），第8回帝国議会に村田は，再び漁業法案（第2回村田案）を提出したが審議未了で廃案となった。第2回村田案は，第1回村田案を多少修正しただけで根本において同一のものであった（青塚 2000, 403）。

②村田案における水産資源保護

　村田案には，水産資源保護規定が置かれており，明治34年漁業法の水産資源保護規定に影響を及ぼした。1893（明治26）年に帝国議会に提出された第1回村田案では，次のような水産資源保護規定が置かれていた(7)（引用にあたって旧漢字および仮名遣いを変更した）。

(ア)　13条　水産動植物の繁殖を害すべき物質または爆烈物を用いて採捕することを得ず。
(イ)　14条　河湖，池沼，溝渠において重要なる水族の通路を遮断すべき装置を為すことを得ず。（後略）
(ウ)　15条　農商務大臣は，水産動植物の繁殖保護のため，その種類，年齢，寸尺，重量および時期を定めて採捕を禁止することを得。（後略）
(エ)　17条　農商務大臣は，水産動植物の繁殖（中略）を妨害すべき漁法お

第8章　環境配慮のための法制度の推移

よび漁具の使用を禁止し，または制限することを得。
(オ)　18条　農商務大臣は，水産動植物繁殖保護のための禁漁場を設くることを得。
(カ)　20条　地方長官は水産動植物の繁殖または生息を害すべしと認むる農工鉱業の廃棄物を河湖，池沼，溝渠に注流することを禁止し，または除害の方法を設けしむることを得。
(キ)　21条　地方長官は漁業以外の目的をもって魚介若藻類の発生する場所を攪乱し，若しくは魚卵を撈取し，繁殖を害するおそれありと認むるときはこれを禁止しまたは制限することを得。

　このように，第1回村田案では，水産資源保護のための規定が，具体的に記述されており，しかも10ヵ条ほどにわたって置かれていた。第1回の村田案が全文で33条から構成されていたので，全体のおよそ3割が水産資源保護に関連する条文であった。とくに，1890年代（明治20年代中期）において，水産動植物の繁殖または生息を害する農工鉱業の廃棄物を河湖，池沼，溝渠に流出することを禁止する規定（20条）が設けられていたことは注目に値する。この規定は，水産動植物の生息の保護のため，河川や湖沼の水質保全を目的とした規定と解することができる。第1回村田案は法律とはならなかったが，この時期に環境保全規定を有する法案が帝国議会に提出された意義は大きい。
　このように比較的多くの水産資源保護規定が最初の漁業法案である第1回村田案に備わっていたことは，自然の生態系に依存する漁業の特質をあらわしている。これはまた，水産動植物の繁殖の保護が漁業にとって重要であり，そのためには水質の保全が必要であることを当時の立法者も認識していたことを物語っている。これらの水産資源保護規定が以降の漁業法でどのように扱われていくか，その変遷を本章でみていく。

193

③政府案の審議

村田の漁業法案が議会へ提出されたことに対して,1897(明治30)年頃から,政府は,漁村の網元層に政府による統制のもとで漁場の秩序維持,あるいは漁場管理を担わせることを意図して,そのための法案作成を本格化させた。1897(明治30)年から1899(明治32)年にかけて,政府は,民間の漁業団体である大日本水産会などに漁業法案について諮問をしている(青塚 2000, 406-407)。

これらの準備を経た後,1899(明治32)年第1回の政府の漁業法案(第1回政府案)が第13回帝国議会に提出された。しかし,貴族院は通過したものの衆議院で否決され廃案となった。この政府案は,村田案を継承する慣行的漁場主義に立脚するものであったため,慣行派議員の支持によって貴族院は通過したが,衆議院では,地元の漁民の意向をうけた北海道選出の代議士や自由主義的法思想に賛同する議員の反対で否決された[8](青塚 2000, 409-413)。

第1回政府案の特徴は,従来の漁場における漁業権の発生要件を慣行である(2条)としている点である。これは網元層の宿願に沿ったものである。その一方で,漁業免許の許否など行政庁の処分に不服のある者は行政裁判所に訴訟を提起することができる(5条)。この点は,近代の法治主義に準拠することをあらわしている(青塚 2000, 412-413)。

1900(明治33)年政府は,2回目の漁業法案(第2回政府案)を第14回帝国議会に提出した。この法案のおもな特徴は次の点である[9]。①慣行的漁場主義に立脚していない。②漁業組合だけに与えられる地先水面専用漁業権(後述)を創出した(4条)。③漁業権の存続期間を20年と定めている(5条)。④漁業権の譲渡,貸付,相続を認めている(7条)。⑤水産動植物の繁殖保護のため採捕を制限または禁止することができる(12条)。⑥遡河魚類の通路を害する工作物の設置を制限または禁止することができる(14条)。⑦漁業組合への強制加入を定めている(21条)。⑧行政庁の処分に不服のある者は行政裁判所に訴訟を提起することができる(26条)。

このように第2回政府案は、慣行的漁場主義に立脚していた第1回政府案と異なり、自由主義的法思想に立脚したものとなっている。また、水産資源保護規定が村田案に比べるとかなり少なくなり、上記の⑤と⑥が主な規定である。この案を策定したのは、農商務省の自由主義派の官僚であり、この案を支持したのは北海道を中心とした漁業資本家であった（青塚 2000, 415-419）。しかしこの法案は、貴族院で修正された後、衆議院で否決され廃案となった。

　1901（明治34）年1月政府は、3回目の漁業法案（第3回政府案）を第15回帝国議会に提出した。これは第2回政府案をベースに修正を施したもので、多分に自由主義的法思想の要素を盛り込んだものであった。この第3回政府案が審議の末、成立した。その背景には、慣行派の後退と自由主義派の躍進があった（青塚 2000, 430）。

④明治34年漁業法のおもな特徴

　上記のような経緯を経て制定された明治34年漁業法は、旧来の慣行に基づく漁業権（慣行漁業権）の否定と慣行漁業権に基づく包括的漁場支配の否定が基本的な立場であった。特徴を挙げれば次のようになる。

(ｱ)　慣行漁業権の整理

　明治34年漁業法は、自由主義的な近代財産法の発想を取り入れるとともに、封建制度の遺産として残存していた慣行漁業権を例外的に一部認めている。しかしながら、慣行漁業権については、慣行を権利発生の要件とはしていない。

　慣行漁業権については、1年の出願期間を設けて、免許を与えることとし、免許が得られなければ、消滅する。また出願しなければ1年後に消滅する（34条）。その出願に際しては、慣行が行われていた証書の提示を求めた。これは旧来の慣行を廃して漁場整理を断行しようとするものである。そして、漁業法の運用上、慣行漁業権が消滅すれば、地先水面専用漁業権（後述）に

編入された (青塚 2000, 440)。

(イ) 制限種類主義

漁業権を与える場合，定置漁業権，区画漁業権など独占的な漁業権については，厳格な種類主義がとられた（3条）。これは，近代法の一物一権主義の考え方による。この考え方は，地先水面専用漁業権でも採用され，漁業の種類を定めて免許を与えることとされている（5条）。

(ウ) 漁業権の財産権化

漁業権の免許期間の法定と更新制度（6条）は，財産的な価値を高めるのに役立った。また，漁業権に対して，抵当権を除く相続，譲渡，貸借などの自由な処分が認められ用益権能が強化された（7条）。

なお，漁業権に対する抵当権の設定についても，明治34年の漁業法案の審議の際に帝国議会で議論された。衆議院ではこれを認めるように条文に明記されたが，貴族院で削除され，これが漁業法として成立した。議会審議では，漁業権に対する抵当権を第三者に公示する登記制度がない点が問題となり抵当権は認められなかった（樫谷 1902, 42-44；熊木 1902, 18-19）。

(エ) 地先水面専用漁業権

明治34年漁業法は，地先水面専用漁業権を規定した。これは，漁業集落が立地する付近の水面（地先水面）に対する漁業権で，漁業組合にのみこの免許を与えることとされた（4条）。そして，地先水面専用漁業権の行使権は，組合員に与えることとされた（20条）。この規定を使って，漁業集落が組合を組織して地先水面専用漁業権の免許を受けた。これにより，旧来漁村集落が有していた地先漁場の支配権が漁業組合に移り，漁業集落の封建的な支配体制が組合制度に移行した（青塚 2000, 444-447）。

⑤明治34年漁業法の水産資源保護

明治34年漁業法は，13条から16条で水産資源保護規定を置いている。13条1項では，地方長官は，水産動植物の繁殖保護のため主務大臣の認可を得て，

特定の水産動植物の採捕を禁止するなどの命令を発することができるとされている。また，14条1項では，主務大臣は遡河魚類の通路を妨害するおそれのある工作物を制限または禁止する命令を発することができるとされている。

これらの規定は，第2回政府案を受け継いでいるが，元をたどれば前述の村田案を受け継いでいる。この漁業法における水産資源保護規定は，漁業の対象となる水産資源である動植物を保護するもので，生態系の保護の考え方に基づくものとまではいいにくいが，この漁業法が環境保護法としての性質を帯びていることをあらわしている。したがって，明治34年の漁業法は環境法とはいえないが，水産資源の保護規定があり，この規定が時代の推移とともにどのように発展するか本章で注視していく。

（3） 明治43年漁業法の制定
①漁業法改正運動

前述のように自由主義的な近代財産法の発想を取り入れて制定された明治34年漁業法は，成立直後から慣行派による復古運動にさらされることとなった。復古運動の中心になったのが漁村の網元層であり，彼らがめざしたのは，慣行漁業権の確保とそれに基づく包括的漁場支配の復活である。

とくに網元層の反発を招いたのが，慣行漁業権の出願に際して，慣行が行われていた証書の提示を求めたことである。慣行漁業権は，長年の慣習の積み重ねにより生じたものであり，それが行われていた根拠が証書などで残っていないことが普通である。つまり，この措置は，慣行漁業権の最大の弱点を突くものであり，慣行漁業権の廃止を迫るに等しい措置であった。そのため，この時期は，慣行の存在を示す証拠が不備なため慣行漁業権の免許を拒否されたことに対する処分取消請求の訴えが多くなされた（青塚 2000，464-466）。

このような復古運動を反映して，慣行派議員から漁業法改正案が，1907（明治40）年と1909（明治42）年に帝国議会に提出されたが成立するには至ら

なかった。

　一方，漁業権の財産権としての性格の強化を求める動きも生じた。明治時代の中期頃になると定置網の大型化などにより漁業の経営規模が大きくなり，経営資金の不足をきたしたことが背景にある。その資金導入のため，漁業権に抵当権の設定を認めてほしいとの要望が多くの漁業者から出され，1907（明治40）年2月，水産業者の全国組織の集会である全国水産業者大会でも要望が出された（青塚 2000, 468）。

②明治43年漁業法の成立

　このような動きを受けて，政府は，明治34年漁業法の改正を行うこととし，次のような特徴を有する改正案を1910（明治43）年に第26回帝国議会に提出した。①漁業者に対して資金を導入するための手立てとして漁業権に対する抵当権の設定が可能なように漁業法を改正する。②漁業組合の水産物を取扱う産業組合としての機能を強化する。この政府案は議会で可決され成立した。いわゆる明治43年漁業法である。そのおもな内容についてみてみよう。

(ｱ)　漁業権の物権化の強化

　明治43年漁業法では，漁業権に対する抵当権の設定が認められた。漁業権は物権とみなすと規定され，土地に関する規定を準用すると定められた（7条）。漁業権の物権化は，金融上の便宜だけではなく，定置漁業権などの排他的効力を強化し，その経済的価値を高めた。つまり，漁業権が物権として法律上明確に認められたことにより物権的請求権の裏付けによって排他支配力が高まった。また，漁業権の物権化にともなって，民法の共有規定が準用されることが明らかになった（15条）（青塚 2000, 472-473）。

(ｲ)　漁業組合の経済的機能の強化

　明治43年漁業法では，漁業組合が法人であると規定され（43条），翌年公布された訓令「漁業組合及漁業組合連合会ノ共同施設事項ノ基準」（明治44年2月10日農商務省訓令第1号）により，共同販売，共同購入，漁業資金の貸付

のための施設の運営が認められ，漁業組合の産業組合化を促した。

(ウ) 漁業組合を中心とした漁業組織の確立

この改正法の内容は，漁業者の改正要望のうち，慣行漁業権の確保は否定され，漁業権に対する抵当権の設定は認められた。これを大局的にみるならば，明治43年漁業法の成立により，漁業の大きな枠組みとして，前近代的な網元が支配していた漁業経営形態から旧来の網元層が漁業組合を牛耳っていたとはいえ経済団体としての漁業組合を中心とした生産体制が敷かれたといえる。

③明治43年漁業法の水産資源保護

明治43年漁業法では，水産資源の保護規定が34条から39条に定められている。明治34年漁業法と比べれば，機船トロール漁業などの制限措置を主務大臣が定めることができる規定（35条）などが加わっているが，おおむね明治34年漁業法の規定を踏襲している。

（4） 昭和8年および昭和13年の漁業法改正

①大正期から昭和初期における漁村の動き

大正期になると，漁船の動力化が進み，動力漁船により漁業を行う新たな漁業者層が出現した。この層を網元を中心とする漁業組合に取り込み漁業組合のもとで統制しようとする動きがみられるようになった。そのためには，漁業組合の経済的な機能を強化して経済団体としての役割を担うようにすることが必要だが，網元中心の漁業組合では，その期待に応えることは難しかった。

一方では，遠洋漁業が始められ，大資本による経営のもとで効率的な生産体制を構築しつつあった。第一次世界大戦後の不況のなかで，困窮した小規模漁業者は，遠洋漁業の大資本に雇われ，遠洋漁業の従業員に転じる者も少なくなかった（青塚 2000，487）。

②昭和8年の漁業法改正

　前述の状況のなかで，1933（昭和8）年漁業法の改正案が第64回帝国議会に提出され，3月に可決成立した（昭和8年3月29日法律第33号）。おもな改正点は，次のとおりである。①漁業権の持分を処分するには，他の共有者の3分の2以上の同意が必要であることとした（15条）。②水産物の加工，販売などを行う漁業組合は出資制度をとることができるようにし，出資により設立する組合を漁業協同組合とした（43条の3）。③漁業協同組合は自ら漁業を行うことができるようにした（43条の8）。④漁業協同組合には漁業者でない者も加入できるようにした（43条の9）。

　改正のねらいは，漁業組合が収益を得るために事業を実施できるようにすることである。そのためには，組合が対外的に信用を得ることが必要であり，保証責任を明確にするために組合員の出資による漁業協同組合を設立することとした。こうした対外的信用の強化措置は，組合による水産物の販売などを実施する基礎となった（赤井 2005, 45-46）。[10]

③昭和13年の漁業法改正

　1938（昭和13）年3月には，第73回帝国議会において漁業法が改正され（昭和13年3月18日法律第13号），出資制度をとる漁業組合は組合員からの貯金の受け入れ事業を行うことができるようになった（43条の2）。また，漁業組合連合会は，日本勧業銀行などに対し，所属組合のために債務の保証を行うことができるようになった（44条の2）。

　このように漁業組合と特定の金融機関が法律により結びつけられたことで，組合が事業を行う際の信用力が強化された。

④昭和初期の漁業法の改正における水産資源保護

　上記の昭和8年の漁業法改正において，水産資源の保護規定も一部改正された。昭和初期になると，工業が発展するとともに日本でも大都市およびそ

第8章　環境配慮のための法制度の推移

の周辺において大気汚染や水質汚濁が発生するようになった。

　このようなことをふまえ，昭和8年の漁業法改正で，34条1項5号が改正され，地方長官は水産動植物の繁殖保護のため主務大臣の認可を得て水産動植物に有害なる物の漏洩を制限もしくは禁止できるとの規定が加えられた。ここにいうところの「有害なる物の漏洩」は，工場などの廃液中に含まれる有害物質を指している。この時代には，水質汚濁を取締る法律はまだなく，漁業法が水産動植物に被害を与える工場などからの廃液の規制を実施できる条文を備えたことは意義がある。

　この条文は，前述した1893（明治26）年に議会に提出された第1回村田案の20条を思い起こさせる内容である。ただし，村田案の20条では，「水産動植物ノ繁殖又ハ生息ヲ害スベシト認ムル農工鉱業ノ廃棄物」を河川湖沼などに注流することが禁止されたのに対して，昭和8年の漁業法改正時においては，「水産動植物ニ有害ナル物ノ漏洩」が制限または禁止された。つまり，昭和8年改正法においては，有害な工場排水などを想定してその排出を規制するものである。

　このように規定の変化がみられるのは，昭和8年頃においては，日本の工業化が進展しており，現実に都市部で生じた水質汚濁事件に対処する必要に迫られて漁業法の改正が行われていることによる。すなわち，両者では規定が置かれた時代背景や必要性が異なっていることが，規定の表現の違いにあらわれている。

　昭和初期の時代に，このような水産動植物の保護規定が漁業法に置かれたことは，漁業法が漁業の生産力向上のために水産動植物の繁殖環境を保護する役割を担っていたことを示している。そして，日本の工業化の進展という時代に対応して，漁業法における水産資源の保護規定として環境保全にも通じる規定が挿入された。

⑤戦時体制への移行

　漁業法が改正された同じ1938（昭和13）年に国家総動員法（昭和13年4月1日法律第55号）が制定され，戦時統制がすべての産業に及ぶことになり，漁船の燃料や漁網などが規制を受けることとなった。以降，漁村の働き手である青壮年が徴兵され，比較的大型で性能のいい漁船が軍に徴用された。その後，太平洋戦争が激化するにつれ漁船も戦災を被ることとなり漁業操業自体が困難となっていった。

(5) 現行漁業法の制定

①復興に向けての動き

　太平洋戦争の終戦にともない，1945（昭和20）年8月，日本は連合国軍の占領下に置かれた。漁業に関しても，いわゆるマッカーサーラインが同年9月に設定され，日本の漁船の操業水域が規制された。

　終戦後の日本の食糧難に対処するため，アメリカ国務省は1946（昭和21）年1月海産物の最大限の確保を東京の連合国軍最高司令官総司令部（General Headquarters: GHQ）に指示した。この指示をうけ，GHQ天然資源局水産部は，漁船の建造許可，日本漁船の操業可能海域の拡張，漁船用の燃料の輸入，南氷洋における捕鯨の許可などを行った。

　この動きに呼応して，大手水産会社を中心に，捕鯨，以西トロール漁業，以西底引き網漁業などの再建が図られた[11][12]。しかしながら，制限された海域のなかでの急速な操業の再開は乱獲による水産資源の減少を招いた（赤井 2005, 61-62）。

②水産業協同組合法の制定

　戦後のこのような状況下で，新たに漁業法および水産業協同組合法の起草作業が開始された。そして，まず1948（昭和23）年12月水産業協同組合法（昭和23年12月15日法律第242号）が成立した。この法律に基づき組織される漁

業協同組合が戦後の漁業の復興の担い手となっていく。

　また，同時に戦時下において，国による統制を強化するためにつくられた市町村漁業会，都道府県水産会などの組織が，水産業協同組合法の制定にともなう水産業団体の整理等に関する法律（昭和23年12月15日法律第243号）により整理されることとなった。

③漁業改革の方針

　漁業の民主化を進めるとともに漁業の生産性を高めることを念頭に置いて，漁業法案の起草が開始された。起草にあたった当時の水産庁の担当者が考えた漁業改革の方針の主要な点は次のようなものであった（水産庁経済課 1950, 25-28）。

(ア)　漁業の民主化

　戦後の農地改革により，半封建的な地主による寡占的な土地所有を廃して，自作農を創生するという農業の民主化が断行された。一方，漁業では，すでにみてきたように水産業協同組合法による漁業協同組合を中核とする漁場の管理体制の構想が立案された。しかしながら，少数の網元と多くの漁業従事者という体制は依然として残っており，このような半封建的な状況を取り除かなければ漁業の民主化は達成できない。

　この目的を達成するため，従来の漁業権は一旦全部廃止して白紙に戻したうえで，新たな漁業秩序を構築する方針がとられた[13]。

(イ)　計画に基づく漁場の利用

　終戦によって，前述のように漁業操業海域が制限され，沿岸の漁場には限られた水産資源に対して数多くの漁業者が操業していた。そのような状況で水産資源の維持を図りながら，漁業従事者1人あたりの漁獲を増加させ漁業従事者の生活の向上を図らねばならなかった。そのためには，漁場の生産性を高め，その民主的で秩序ある利用が不可欠であり，計画に基づく総合的な利用を図らねばならない。そのためには，漁場の利用計画の立案が不可欠で

ある。そして，計画の策定にあたっては，公聴会を開き多くの利害関係者の意見を聴くことが必要である。

(ウ) 漁場の組合による管理

昭和20年代の初めは，漁業権の多くは漁業組合が所有していた[14]。民主的な組合ができて，組合内部の自治で共同漁業権などを管理し，漁場を管理することができれば，漁業の民主化につながるものと考えられた。

④現行漁業法の成立

(ア) 第1次案

1946（昭和21）年6月農林省水産局に企画室が設置され，ここが中心となって漁業法の草案がつくられた。翌1947（昭和22）年1月，水産局は漁業法第1次案を策定した。その骨子は，次のようなものである。(a)従来の漁業権は無償で白紙に戻し，漁業権は漁業協同組合にのみ付与する。(b)漁場の総合的利用と紛争の調停のために漁業調整委員会を海区ごとに設置する。

第1次案は，漁業権を所有している漁業者から反対があった。また，任意加入団体である漁業協同組合が漁場管理という公的権限を持つことは，一部の漁業者に漁場全体の管理権限を与えることになるため反対があった（潮見 1951, 67-68）。結局，この第1次案はGHQに拒絶され廃案となった[15]。

(イ) 第2次案

水産局により1947（昭和22）年6月，漁業法の第2次案が策定された。この案は基本的には第1次案と同じであるが，個人にも漁業権を与えることができるようになっていた。しかし，原則的に漁業権を組合が所有することからGHQに承認されなかった。また，GHQから次のような指示が出された。(a)漁業改革にともない消滅する漁業権に対して補償を行うこと。(b)漁業権免許の優先順位を明記すること（牧野 2013, 55-56）。

(ウ) 第3次案

翌1948（昭和23）年，水産局は漁業法の第3次案を策定した。この法案の

特徴は次の点である。(a)海藻，貝類根付き・磯付きの漁業権は組合に免許を与え組合が管理する。(b)ひび建て，貝養殖の区画漁業権は組合を優先する。(c)漁業権はなるべく縮小し許可漁業とする。(d)漁業調整委員会を設置し紛争に対処する。

この法案に対してGHQから次のような意見が出された。(a)漁業権は私的財産権とすること。(b)漁業権は更新可能とし半永久的な権利とすること。(c)漁業権の自由移転，自由担保化すること。

日本側の水産局は，これらのGHQの意見に対して，漁業改革の方針に反するとして折衝を行った。GHQが私的財産権としての漁業権を主張したのに対し，水産局は，公的な権利としての性格を帯びた漁業権を想定していた（牧野 2013, 56-57）。

折衝の結果，同年7月にGHQの承認が得られ，第3次案は閣議に提出され，経済閣僚懇談会で審議されたが，従来の漁業権を廃止するにあたって，その債権者，抵当権者である銀行などの保護が不十分であるなどの理由で閣議を通過することができなかった。

(エ) 第4次案

閣議の指摘を受けて，水産局は第3次案の内容を公表し，各地で説明会を開催し，漁業者の意見を聴取した。このような意見をふまえ，第4次案を策定した。この案は，閣議決定され1949（昭和24）年5月，第5回国会に提出された。継続審議を経て第6回国会で可決成立し，同年12月に公布された。現行の漁業法（昭和24年12月15日法律第267号）である。

⑤おもな特徴

昭和24年に制定された現行漁業法のおもな特徴は次のとおりである。

(ア) 目的規定

この法律の目的は，「漁業生産に関する基本的制度を定め，漁業者及び漁業従事者を主体とする漁業調整機構の運用によつて水面を総合的に利用し，

もつて漁業生産力を発展させ，あわせて漁業の民主化を図る」ことである。つまり，(a)漁業生産に関する基本的制度を定めること。(b)漁業調整機構の運用によって水面を総合的に利用し漁業生産力を高めること。(c)漁業の民主化を図ること。これらが現行漁業法の目的といえる。

(イ)　漁業権

　漁業権は，特定の水面において，特定の漁業を営む権利であり，行政庁の免許によって設定される（6条1項，2項）。そして漁業権は物権であり，土地に関する規定が準用される（23条1項）。さらに，漁業権に対する抵当権の設定を認めている（24条）。また，共有の漁業権については共有者の3分の2以上の同意を得なければ持分を処分することができない（32条1項）。

　このように現行漁業法では，明治時代の漁業法から受け継がれた漁業権概念に立脚している。

(ウ)　指定遠洋漁業

　漁業法は制定時においては，大型捕鯨業，以西トロール漁業，以西機船底引き網漁業，遠洋かつお・まぐろ漁業を指定遠洋漁業として大臣の許可を必要としていた（制定時の52条1項）。

(エ)　漁業調整委員会

　漁業管理制度の中核的組織として設立されたのが漁業調整委員会で，海区漁業調整委員会と連合海区漁業調整委員会がある（82条）（その後，2001（平成13）年に広域漁業調整委員会が設置された）。

　海区漁業調整委員会は，原則として各県にひとつ設置され[16]，委員は一般的には15名で，漁業者または漁業従事者のなかから選挙で選ばれる公選委員が9名，知事が選任する学識経験者が4名，同様に知事が選任する公益代表委員が2名である。

　海区漁業調整委員会のおもな役割は，漁業権の適格性の審査である。この委員会の権限として，漁業関係者に対して操業禁止を含む指示をすることができる（委員会指示）。

連合海区漁業調整委員会は，必要がある場合に知事により設置されるもので，2つ以上の海区を合せた海区（連合海区）に設置される（105条）。

⑥水産資源保護

現行漁業法が制定された当初は，水産動植物の保護規定が65条から71条に設けられていた。そのなかには，水産動植物に有害な物の漏せつの制限または禁止（制定時の65条1項5号），水産動植物の繁殖保護に必要な物の採取の禁止（制定時の65条1項6号），遡河魚類の保護のための規定（制定時の71条）など明治26年の村田案から明治34年漁業法，そして明治43年漁業法を経て受け継がれた水産動植物の具体的な保護規定が置かれていた。

これらの規定は，生態系の保護という観点には至っていないものの，漁業の持続的発展に必要な水産資源の維持のための措置を定めている。これらは，見方を変えれば，自然環境の保護規定といえるものであった。しかしその後，水産資源保護法が制定された際に65条から71条に定められていた水産動植物保護規定の多くが水産資源保護法に移された（後述）。

（6）漁業法における水産資源保護規定と水産資源保護法
①水産資源枯渇防止法の制定

戦後の食料難に対処すべく日本の漁業の復興が進んだが，前述したように乱獲による水産資源の減少が問題となってきた。GHQは，日本の食料難を考慮して，日本漁船の操業可能海域の拡張に応じてきたが，日本政府に対して，水産資源の乱獲の防止を要求した。この要求に対して，政府は，水産庁の監視艇を建造することと，水産資源枯渇防止法（昭和25年5月10日法律第171号）の制定を行った。

水産資源枯渇防止法は，「将来にわたつて最高の漁獲率を維持するため，水産資源の枯渇を防止することを目的」としており（1条），そのために漁業に従事しうる漁船の隻数の最高限度（定数）を定めることとしている（2

条1項)。水産資源の乱獲を防ぐために，操業する漁船の数を制限する仕組みである。実際には，この法律は，東シナ海で操業する以西トロール漁船および以西底引き網漁船の減船を実施するための根拠法として制定された。

GHQ は日本政府のこれらの措置を評価して，1949（昭和24）年9月の第3次漁区拡張を実施した。この実施に際して，GHQ のウイリアム・ヘリントン（William C. Herrington）水産部長から談話が発表された。その要旨は次のようなものである。

　今から7か月半前に，漁区の拡張は，GHQ が日本の漁業者および日本政府から次の事項について確証を得るまで認められないと伝えていた。(a)日本の漁業者が GHQ の指令，日本政府の法令，国際法規，協定を遵守すること。(b)日本の漁業者が水産資源の乱獲を防止すること。これらに関し進歩があったことが認められたため，連合国軍最高司令官は，漁場を東方に拡大する指令を発した。今後，規制をさらに緩和するかどうかは日本政府および日本の漁業者の行動にかかっている（水産庁 1963, 299-301）。

このことから GHQ は日本漁船による水産資源の乱獲を懸念していたことが読み取れる。

②5ポイント計画の指示

その後，1950（昭和25）年から1951（昭和26）年にかけて，乱獲による水産資源の減少，燃料費の値上がりなどにより日本の沿岸漁業者が経済的に困窮した。

この状況に対処するため，GHQ のヘリントン水産部長は，日本政府に対して「日本の沿岸漁業者の直面している経済危機の解決策としての5ポイント計画」を指示した。その内容は①漁船の操業度の低減，②水産資源保護法制の整備，③水産庁および都道府県に漁業取締部課の設置，④漁業者の収益

の増加を図ること，⑤漁業者に対する健全な融資を策定することである（赤井 2005，70-71）。

5ポイント計画の指示に対して，日本政府は次のような対応を行った。①小型機船底びき網漁業整理特別措置法（昭和27年4月7日法律第77号）を制定し，減船計画を策定した。②水産資源保護法（昭和26年12月17日法律第313号）を制定した。③取締船の建造を行うとともに水産庁および都道府県に漁業取締部課を設置した。④水産業協同組合法を一部改正して，共済制度を整備した。⑤農林漁業金融公庫を設立した。

③水産資源保護法の内容

このような経緯で制定された水産資源保護法はどのような内容を有するのであろうか。

この法律の目的は，「水産資源の保護培養を図り，且つ，その効果を将来にわたつて維持することにより，漁業の発展に寄与すること」（1条）である。この目的規定をみると，今日いわれている持続可能な開発の発想が読み取れる。漁業が，水産資源の採取を本質とする産業であり，その発展は水産資源の維持にかかっていることをよくあらわしている。

この法律における水産資源保護のための規制措置としては，水産動植物の採捕制限（4条），漁法の制限（5条），操業許可漁船の隻数の最高限度の設定（9条），漁獲限度の設定（13条），水産動物が産卵し，稚魚が生育し，又は水産動植物の種苗が発生するのに適している水面（保護水面）の指定（15条），国営の人工ふ化放流（20条），さく河魚類の通路の保護（22条），水産資源の科学的調査（29条）などの措置が規定されている。

この法律に先行して制定された前述した水産資源枯渇防止法に比べると，水産資源枯渇防止法が操業漁船の隻数を制限する法律であったのに対し，水産資源保護法では，水産動植物の保護規定が具体的に定められている。

すなわち，水産資源保護法では，漁業の持続的な発展をめざした措置を規

定しており，生態系の一部として水産資源をとらえ，漁船の隻数の制限だけでなく，漁獲限度の設定，保護水面の指定，人工ふ化放流などいくつかの具体的な対策が示されており，水産資源の持続可能性を意識している。見方を変えれば，乱獲による水産資源の枯渇の反省から，水産資源という生態系の保護のための環境保護措置を定めていると考えることができる。そのため水産資源保護法は環境法の性格を備えた法律といえる。

　このように水産資源を生態系の一部としてとらえるようになったのは，明治時代に比べると漁業が大規模化し，乱獲が生じれば生態系に影響を及ぼすようになっていたことがひとつの要因である。また，自然環境や生態系に対する理解が進み，水産資源の維持，向上を図るためには，魚介類の生態系における再生産の仕組みを科学的に把握し，再生産可能な範囲内で水産資源を利用することが必要であるとの認識が深まったからである。

　日本の環境法の最初の例とされる水質二法[17]より7年前の1951（昭和26）年に上記の内容を有する水産資源保護法が制定されたことは，環境法の発展を考えるうえで意義のあることといえる。

④水産資源保護法の制定と漁業法の環境法化

　すでに述べたように，水産資源保護法が制定された際に漁業法65条から71条に定められていた水産動植物保護規定の多くが水産資源保護法に移された。これはどのような意味があるのだろうか。

　昭和24年漁業法は，漁業の持続的発展に必要な水産資源の維持のための規定を置いていた。これは乱獲による水産資源の枯渇を懸念して規定されたものである。その後，水産資源の保護を図り，その効果を将来にわたって維持することを目的とした水産資源保護法が制定された。また，水産資源保護法には，漁業法から受け継がれた「水産動植物に有害な物の遺棄又は漏せつその他水産動植物に有害な水質の汚濁に関する制限又は禁止」（水産資源保護法4条1項4号（制定時））が規定されている。このようなことから考えて，水

産資源保護法は環境法の範疇に入るものである。

　水産資源保護法を審議した第12回国会の1951（昭和26）年11月21日の水産委員会での法案の提案趣旨説明において，「漁業法において従来漁業の調整，漁業権の免許，許可という問題のほかに，随所に資源保護に関する規定があつたわけでありますが，水産資源保護に関する法令は，ひとつの総合的な法律にまとめた方が適当であるという観点から，漁業法のなかにおける資源保護に関する条項をも，この資源保護法の方に取入れまして，漁業法に対して所要の改正を加えること」にしたとの経緯が述べられている[18]。

　また，この提案趣旨説明のなかで，「漁業法とこの水産資源保護法，このふたつの法律がわが国の今後の水産業発展の二大支柱になり，水産の憲法として，今後のわが国の漁業の進展の上に大いに役立つものと確信」しているとの見解が述べられている[19]。このことから，漁業秩序の維持をおもな役割とする漁業法と水産資源の保護をおもな役割とする水産資源保護法とが役割分担をして水産業の発展を支える枠組みを構築する趣旨がうかがえる。

　漁業法にも65条などに水産動植物の採捕に関する禁止規定などが残ってはいるが，最小限の規定が残されたに過ぎない。これは，漁業法は，その目的規定にあるように「漁業生産に関する基本的制度を定め」たもので，水産資源の保護に関しても基本的な事項のみを残したものと思われる。そして，「水面を総合的に利用し，もつて漁業生産力を発展させ」ることに重点を置いたものと考えられる。

　しかしながら，今日においても漁業調整規則など各種の法令は，漁業法65条と水産資源保護法4条の両方を根拠規定としている[20]。このことは，水産資源保護法が制定された後でも漁業法は引き続き水産資源の保護を担う法律であることを示している。具体的にいえば，漁業法の目的規定における「漁業生産に関する基本的制度」のなかには，水産資源の保護に関する制度も含まれることを意味する。

　以上のように，漁業法から水産資源の保護規定の多くが水産資源保護法に

移され,漁業法が漁業秩序の維持を担い,水産資源保護法が水産資源の持続を担い,両者が水産業の発展を支えるという大きな枠組みが構築された。この枠組み全体として環境法化が進んでいると考えることもできるし,同時に,水産資源の持続に関しては水産資源保護法に譲り,漁業法を単独でみれば,漁業秩序を維持する法律であることがより鮮明になったもといえる。この点に関して,次項以下においてもう少し考察を進めることとしたい。

(7) 200海里時代への対応
① 200海里時代の到来

1952(昭和27)年にサンフランシスコ講和条約が発効し,日本が主権を回復して以降,1960年代までは日本の漁業は遠洋漁業に注力し,漁場を拡大しながら発展した。この間,日本政府は各国と漁業協定などを締結して漁場を確保してきた。

しかし,1960年代後半から世界各国において自国の海域に対する規制が強化されてきた。各国のねらいは,自国の沖合の水産資源の独占にあった。そしてその流れは,排他的経済水域という海洋制度の創設に向かった(平野1997,4)。この動きは,すでに1950年代の南米3ヵ国の200海里宣言(沿岸から200海里水域に対する排他的管轄権の行使に関する宣言)にみられる。

1970年代になると先進国のなかにも,自国の資源管轄水域の拡張を求めることが趨勢となり,経済水域を設定すべきであるとの提案がなされた。このような状況で1973(昭和48)年に始まった第3次国連海洋法会議において,排他的経済水域の設定を含むさまざまな海洋秩序が議論された。

この会議の開催を契機に,各国で200海里排他的経済水域設定の動きが加速された。1976(昭和51)年にはアメリカ合衆国,ソ連などが200海里排他的経済水域を設定した。このような情勢のなかで,排他的経済水域の設定に反対していた日本も1977(昭和52)年に漁業水域に関する暫定措置法(昭和52年5月2日法律第31号)を制定して200海里排他的経済水域を設定した。

第8章　環境配慮のための法制度の推移

　各国が200海里排他的経済水域を設定したため，公海における漁場は狭まった。日本政府は各国と締結していた漁業協定などの改正を行ったが，他国の排他的経済水域で操業するためには漁獲枠による制限を受けるうえ，ライセンス料の支払いなどが課され，公海上での操業とは条件が異なることとなった。さらには，日本漁船の外国の200海里水域での操業が段階的に禁止されていった。このような状況に直面し，日本の遠洋漁業，ひいては漁業そのもののあり方を見直さざるを得なくなった（赤井 2005, 118）。

②国連海洋法条約下の日本の水産資源保護

　10年の歳月をかけて1982（昭和57）年国連海洋法条約（海洋法に関する国際連合条約）が制定された。この条約は1994（平成6）年に発効し，日本も1996年（平成8年）に批准し，同年7月20日から効力を生じた。

　国連海洋法条約の特徴のひとつとして，排他的経済水域の制度がある。この制度は，沿岸国は，領海の外側に自国の基線から200海里を超えない範囲で排他的経済水域を設定できるとするものである（57条）。排他的経済水域では，沿岸国は，生物資源をはじめ天然資源に対して主権的権利を有し，海洋環境の保護についても管轄権を有する（56条）。

　日本は国連海洋法条約を批准するに際して，排他的経済水域の水産資源保護のために法制度の整備を行った。1996（平成8）年には，前述した漁業水域に関する暫定措置法を廃止し，排他的経済水域及び大陸棚に関する法律（平成8年6月14日法律第74号），排他的経済水域における漁業等に関する主権的権利の行使に関する法律（平成8年6月14日法律第76号），海洋生物資源の保存及び管理に関する法律（平成8年6月14日法律第77号）を制定した。

③漁獲可能量制度

　海洋生物資源の保存及び管理に関する法律は，日本の排他的経済水域等において採捕することができる海洋生物資源の種類ごとの年間の数量の最高限

度を決定する制度（漁獲可能量制度：TAC（Total Allowable Catch）制度）を定めたものである。

　漁獲可能量制度は次のようになっている。排他的経済水域等において漁獲量管理の対象となる魚介類を「特定海洋生物資源」といい，これを「第一種特定海洋生物資源」（現在は，さんま，すけとうだらなど7種）と「第二種特定海洋生物資源」（現在は，あかがれい，いかなごなど9種）とに区分する。

　第一種特定海洋生物資源は，排他的経済水域等において採捕することができる魚介類の種類ごとに年間の漁獲量の最高限度（これを「漁獲可能量」という）を定めて管理する。他方，第二種特定海洋生物資源は，排他的経済水域等において採捕することができる魚介類の種類，海域および期間を定めて漁獲量の「指標」（これを「漁獲努力量」という）を定めることによって管理を行う。

　以上のような漁獲可能量制度は，国連海洋法条約56条に基づき，日本の排他的経済水域における水産資源管理を行うものであるが，その内容に関しては，古くから慣習や漁業法に基づき管理されてきた水産資源についての管理方法において今日到達したひとつの形態である。

　漁業は，天然に存在する水産資源を採取する産業であり，漁業の持続的な発展のためには，水産資源の再生産が可能な範囲で採取しなければならない。これを維持するための制度が従来から行われてきたが，科学的な調査に基づき魚種別に再生産が可能な範囲で漁獲可能量を決定してその範囲内で漁獲を行う漁獲可能量制度は，持続的な発展の考え方に即したものである。そして漁獲可能量制度は，持続的な漁業生産のために漁獲量を数量で明確に管理する制度である。

　今日，なお改善の余地があるのは，漁獲可能量をどのように管理するかという実践的な部分である。以前はよく用いられていたいわゆる「オリンピック方式」は，漁獲量が漁獲可能量に達した時点で操業を停止するという方式である。仕組みが単純であることから，漁獲量のチェック等の管理コストが

低くまた関係者に容易に理解されやすい利点がある。その反面，漁獲可能量が少ない場合には過当競争が起きやすく，解禁直後の一時期に漁獲が集中して魚価の暴落や操業期間の短縮化を招く場合がある。

これに対して，あらかじめ漁業者ごとに漁獲可能量を配分し分与するのが「個別割当方式（IQ方式：Individual Quota方式）」である。この制度は，イギリス，スペインなどが実施している。これは，魚価の平準化などの利点があるが，管理コストが高く，割当量を消化することができなかった漁業者が存在する場合には，資源の利用面で無駄が生じ資源の最適利用の観点からは問題がある。

この点をふまえ，割当量を譲渡できるようにし，漁獲する見込みがない場合には他の漁業者等への譲渡が可能なようにしたものが「譲渡性個別割当方式（ITQ方式：Individual Transferable Quota方式）」である。アメリカ，ノルウェー，アイスランド，ニュージーランド等で実施されている。

日本は，オリンピック方式をとっているが，2014（平成26）年秋から，マサバなどについて試験的にIQ方式が導入された。[21]

（8） 漁業法の環境法化

漁獲可能量制度を有する海洋生物資源の保存及び管理に関する法律は，その目的規定で，「我が国の排他的経済水域等における海洋生物資源について，……漁獲量及び漁獲努力量の管理のための所要の措置を講ずることにより，漁業法又は水産資源保護法による措置等と相まって，排他的経済水域等における海洋生物資源の保存及び管理を図り，……もって漁業の発展と水産物の供給の安定に資する」（1条）と定めており，資源保護のための法律である。

　海洋生物資源の保存及び管理に関する法律　1条（目的）
　　この法律は，我が国の排他的経済水域等における海洋生物資源について，その保存及び管理のための計画を策定し，並びに漁獲量及び漁獲努力量の

管理のための所要の措置を講ずることにより，漁業法（昭和二十四年法律第二百六十七号）又は水産資源保護法（昭和二十六年法律第三百十三号）による措置等と相まって，排他的経済水域等における海洋生物資源の保存及び管理を図り，あわせて海洋法に関する国際連合条約の的確な実施を確保し，もって漁業の発展と水産物の供給の安定に資することを目的とする。

また，この法律では，漁獲可能量の設定にあたっては，「最大持続生産量を実現することができる水準に特定海洋生物資源を維持し又は回復させる」ために，「海洋生物資源との関係等を基礎とし」て定めることとしている（海洋生物資源の保存及び管理に関する法律3条3項）。つまり，この法律は，漁業の対象となる水産資源の保護を目的としており，生態系全体の保全を考慮し，生態系の要素として水産資源をとらえている。すなわち，持続的な発展の考え方に基づく制度を定めたものであるので環境法としての性格を有している。そして，この法律の目的規定である1条では，この法律が漁業法または水産資源保護法による措置と相まって資源保護を図ることとされている。

これらのことは，漁業法の資源保護（環境保護）の側面を担う法律として水産資源保護法と海洋生物資源の保存及び管理に関する法律が位置づけられていることを示している。そして，漁業法は環境保護の役割の多くの部分をこれらの関連するふたつの法律に委ねている構造になっている。

したがって，1949（昭和24）年に現行の漁業法がそれまでの漁業法の環境保護規定を引き継いで成立し，その後，環境保護を担う規定が別の法律である水産資源保護法に移され，これらふたつの法律が全体として環境法化が進展したといえる。

さらにその後，水産資源の持続可能性を考慮した基本計画にしたがって水産資源を維持する海洋生物資源の保存及び管理に関する法律が制定され，その目的規定から，漁業法は，水産資源保護法，海洋生物資源の保存及び管理に関する法律と相まって海洋資源の保護を図ることが示された。この発展経

緯を漁業法およびその関連法を全体としてみれば，環境法化が進展しており，漁業法は関連法を含めた全体が環境法化したといえる。

　以上のことから，漁業法は，水産資源保護法が制定された時点で環境法化したとみることもできるが，上記3つの法律が相まって，海洋生物資源の保存および管理を図ることが目的規定において明確に示された海洋生物資源の保存及び管理に関する法律が制定された時点で環境法化したと考えるべきである。

3　農薬取締法の発展と環境法化

（1）　農薬取締法の制定
①農薬取締法の成立

　第二次世界大戦の敗戦により，日本は，ポツダム宣言を受諾し，領土の一部と占領地を喪失し，連合軍による統制下に置かれた。日本は主権を制限されるとともに世界経済から隔絶されることとなった。戦争にともなう農村や漁村の働き手の召集により農業および漁業の生産力が低下し，深刻な食料難が発生した。このような危機に対処するため，農業生産力の回復が課題となっていた。農業生産力の回復には肥料や農薬が必要であったが[22]，戦争により生産設備や輸送機関が被災し，戦時中の物資不足のなかで，設備の老朽化が進み被害を免れた生産設備も生産効率が低下していた（経済企画庁戦後経済史編纂室 1992，31）。

　このような状況のなかで，農薬が十分供給できず，粗悪な農薬が出回り，その取締りが求められていた。その対策として「不正粗悪な農薬を取締るとともに，農薬の品質向上をはかる[23]」ために制定されたのが農薬取締法（昭和23年7月1日法律第82号）である。

②おもな特徴

制定当初の農薬取締法の内容は，次のようなものであった。

(ア) 登録制度

農薬取締法は，農薬の登録制度を制定し，農薬は農林大臣の登録を受けなければ販売してはならないこととされた（2条1項）。また，登録に際しては，申請者から当該農薬の見本を提出させ，これを農薬検査所で検査することとした（2条3項）。登録の有効期間は3年である（5条）。

(イ) 品質改良の指示

上記の検査の結果，農作物または使用者に害がある場合は，農林大臣は当該農薬の改良を指示することができる（3条1項）。

(ウ) 表示義務

農薬を販売する際には，登録番号，農薬の種類，名称，有効成分，適用病害虫，使用方法，有害な場合にはその旨および解毒剤の名称などを表示しなければならない（7条）。

(エ) 環境保護に関する規定

制定当時の農薬取締法には，環境保護に関する規定はなく，環境法とは考えられなかった。国会審議において，当時その効果が注目されていた農薬のDDT（殺虫剤の一種）についてその増産を求める質問はあっても，農薬についての環境配慮をもとめる質問はなかった。

(2) 昭和26年の農薬取締法改正による公定規格の導入

農薬取締法の昭和26年改正は，おもに公定規格を導入するために行われた[25]。農薬取締法は，施行後2年以上を経て，粗悪な農薬の出まわり防止に効果をあげつつあったが，まだ一部に低品位農薬が出まわっており，また，自主規格が濫出する傾向がみられた[26]。このような状況をふまえ，一定品質以下の農薬の販売を禁止するため公定規格制度を設けることとした[27]。公的規格とは，農林大臣が定める含有すべき有効成分の量など必要事項についての規格であ

第8章　環境配慮のための法制度の推移

る（1条の2第1項）。

　この公定規格は，農薬の種類ごとに定められる。公的規格に適合する農薬については「公定規格」との表示をすることとされた（7条2号）。また，公定規格が定められている農薬では，登録申請されたものの薬効が公的規格より劣る場合は，登録を保留して品質改良することを農林大臣が指示することができると定められた（3条1項6号）。[28]

　このように，農薬取締法の昭和26年の改正では，制定時と類似した状況下において一定品質以下の農薬の出まわりを防止するための制度として公定規格制度が新設された。このときも，制定時と同様，環境への配慮を示す改正は行われなかった。

（3）　昭和38年改正による農薬取締法の環境法化
① PCP除草剤による水産業被害の発生

　農薬は，自然界に直接散布するものであるため，時には思わぬ環境被害が生じることがある。1962（昭和37）年にPCP（ペンタクロロフェノール）除草剤において環境被害が発生した。当時全国の水田面積のおよそ3分の1にあたる約100万ヘクタールでPCP除草剤が使われていた。[29]

　1962年7月，九州北部や滋賀県で集中豪雨が発生し，水田に散布されたPCP除草剤が大雨で流され，有明海や琵琶湖に流入した。PCP除草剤は，水産生物に対して毒性が強いことにより，有明海のアサリに大きな被害が出たと考えられた。[30]同様にしてPCP除草剤が，琵琶湖のセタシジミ（瀬田しじみ），コイ，フナ，ナマズなどに被害を与えた。これらの被害額は，有明海で約20億円，琵琶湖で約4億円にも上った。[31]

　PCP除草剤は農薬取締法の農薬登録を受けて販売されており，登録農薬による水産業の被害であったため国会でも法的な対応を求める声が高まった。これを契機に水産生物に毒性のある農薬の使用規制のための農薬取締法の改正への準備が農林省で始められた。[32]

219

②昭和38年の農薬取締法改正の内容

　1963（昭和38）年の第43回国会に農薬取締法の改正法案が提出され，農薬使用による水産動植物への被害の実情に鑑み，適切な被害防止措置を行うため農薬取締法の一部を改正することにしたとの提案理由が津島文治農林政務次官から説明された。この農薬取締法の改正案は，衆議院および参議院の農林水産委員会で審議され各院の本会議で原案通り可決され成立した。改正法は，1963（昭和38）年4月11日に公布され，5月1日に施行された。改正法のおもな内容は次のとおりである。

(ア)　水産動植物に対して有毒な農薬の登録保留

　水産動植物に有毒な農薬に対して，農薬登録の申請者が申請書にその旨を記載することを義務づけた（昭和38年改正法2条2項6号）。さらに，登録審査において水産動植物に著しい被害を生ずるおそれのある農薬は，登録を保留することができることとした（3条1項4号）。[33]

　その後，登録保留基準が設定され，毒性の継続期間は，7日以上とされた（昭和38年5月1日農林省告示第553）。しかし，この基準では，PCP除草剤は登録を保留されるには至らない。このような農薬に対しては新たに「指定農薬」というカテゴリーが設定され管理されることとなった。すなわち，通常の使用では被害は発生しないが，散布直後に水田から流出するといった特異な場合に被害が生じるおそれがあるものが「指定農薬」として管理されることとなった（後述）。

(イ)　指定農薬制度の新設

　改正により指定農薬制度が新設された。指定農薬制度は，都道府県知事による指導と規則による規制措置により指定農薬による環境汚染を防ぐ制度である。

　広範にわたる水田に一時期に相当量使用した場合に水産動植物に著しい被害を生ずるおそれのある農薬が指定農薬として指定される。知事は，指定農薬による被害防止のために農業者の自主的措置の指導援助を行う。ただし，

自主的措置が期待できない場合には使用時期や区域を限って規則を制定して，使用にあたっては知事の許可が必要との規制を行うことができる（12条の2第1項，3項）。⁽³⁴⁾

指定農薬は，水産動植物に対してある程度の有害性がありながら代替することができるものが見つからない場合が多い。このような状況では，当該農薬の使用を希望する農業関係者と当該農薬の使用禁止を求める水産業関係者の利害が対立することとなる。この事態に対処するために，改正法では都道府県知事が，農業関係者と水産業関係者の利害調整を行うこととされた。

まず，自然的条件などから判断して著しい被害が発生するおそれがある都道府県では，指定農薬の規制の仕方などについて知事が利害関係者および学識経験者の意見を聞くことを義務づけた（12条の2第2項）。意見聴取を経て当事者の有効な自主的措置が行われる場合には知事は，必要な指導などを行う（12条の2第3項前段）。

当事者間で有効な措置が行われない場合には，知事は利害関係者および学識経験者の意見を聞き，規則を定めることとした。具体的には，規則により区域と期間を限定し，指定農薬の使用を許可制とすることができる（12条の2第3項後段）。その際，区域と期間を限定することに関しては，農薬取締法施行令3条で定められている。区域については，地形や河川の状況などを勘案して決定される。期間については対象区域における指定農薬の使用の最盛期を含む3ヵ月が限度とされた。

また，知事が許可をする基準については農薬取締法施行規則（昭和38年農林省令36号，5月1日公布）で定められており，想定される被害水域における指定農薬の濃度が水産生物にとって安全である範囲を超えないと予測される場合に許可される。

このとき，上記のような規制の対象として政令（農薬取締法施行令，昭和38年政令第154号，4月30日公布）で指定農薬に指定されたのが，PCP除草剤である。

(ウ) 登録制度，表示制度の改正

　流通する農薬については，従来から一定の事項を表示することを農薬取締法で義務づけていた。今回の改正では，水産動植物に有害な農薬についてはその旨の表示を義務づけることを追加し，使用者に注意喚起を促すこととした。

③環境法としての性格の付与

　前述したように，今回の改正により導入された水産動植物に対して毒性を有する農薬の登録保留は，環境配慮措置である。

　また，水産動植物に有害な農薬についてはその旨の表示を義務づけた。この措置は，農薬取扱者や農薬使用者への配慮というよりは，環境に対する配慮である。

　さらに，指定農薬制度が新設されたことによって，農薬取締法はこれまで農薬の品質の確保を目的としていた取締法であったものが，農薬の使用にともなう環境汚染に対処する法制度を整えた。すなわち，指定農薬制度を定めた12条の2第2項および第3項を新たに農薬取締法に加えることにより，環境被害を防止する（環境を保全する）目的が農薬取締法に加わった。これにより，農薬取締法は環境法化したと考えられる。

（4）昭和46年の農薬取締法改正
①農薬による環境汚染の位置づけ

　昭和30年代後半になると，日本で大気汚染，水質汚濁をはじめとする公害問題が発生し，国民の健康および生活環境にとって大きな脅威となった。これに対処するため，厚生省は，1965（昭和40）年公害審議会を設置し検討を開始した。第1回の会合は，同年9月に開催され，「公害に関する基本的施策について」など10項目が諮問された（岩田 1971，15-16）。この諮問の意図は，公害に対して基本的，総合的施策として何をなすべきか（岩田 1971，

17)というものであり，このような問題意識のもとで審議が開始された。

審議の結果，1966（昭和41）年8月に，公害審議会は「公害についての基本的施策について」と題する中間報告を公表した。この中間報告の公害の現状を述べた部分で，有機水銀農薬の広範な環境汚染について「公害の問題として」公害審議会で今後重要な課題として検討すべきものとの認識が表明された。その背景には，これより数年前に有機水銀化合物を含む農薬が稲に散布され，これが原因で，水銀化合物が米穀中に残留した事件があった。

その後，同年10月7日には，公害審議会は「公害に関する基本施策について」と題する答申をまとめ，厚生大臣に提出した。この答申の「結語」の部分では，公害問題に対して「国民のひとしく望むところは，国民の健康と福祉を最大限に向上させるという基本方針のもとに国民生活と産業発展の場が確保されるよう強力な公害対策の実行されることである」と記述されている。

また，答申では，「公害基本法」を制定することがひとつの項として掲げられている（14項）。「対象とする公害」の項（2項）では，大気汚染，水質汚濁など5種類のものを公害として取り扱うこととされた。そのうえで，農薬に関しては，「この場合の水質汚濁については農薬等による環境汚染をも含む」と記載されている。

このように公害審議会の答申においては，農薬による環境汚染は，公害問題であることが明記された。

②残留農薬問題対策としての農薬取締法改正

前述のように昭和30年代後半にいもち病を防ぐため稲に散布された有機水銀剤中の水銀が米穀中に残留することが明らかになり，これをきっかけに残留農薬問題が社会的関心事となった（後藤 1971b, 15）。

農林省は行政指導により稲作における有機水銀剤の使用を中止する措置をとり，1970（昭和45）年3月末までに種子消毒用を除くすべての有機水銀剤の農薬登録を抹消した。同時に，厚生省は，食品中の残留農薬の許容量を設

定する作業を開始し，1968（昭和43）年3月，BHC（ベンゼンヘキサクロライド）などの残留許容量を設定し告示した。この年以降，農林省は，新規の成分の農薬登録に対して，残留性試験を実施することとした（後藤 1971b, 16）。

これに続いて，1969（昭和44）年末には別の残留農薬問題が発生した。厚生省の調査によって，牛乳中に農薬のBHCが残留していることが判明した。これは，ウンカやニカメイチュウの防除に使用されたBHCが稲わらに残留し，これを乳牛の飼料として用いたところ，牛乳中にBHCが残留した。

この事態を受けて，BHCの製造者は自主的に国内向生産を1969年（昭和44年）末で中止し，在庫についても飼料に使用される作物には使用しないよう行政指導がなされた（後藤 1971a, 154-155）。

さらに今度は，土壌残留問題が生じた。1970（昭和45）年8月から10月にかけて，以前に植えた作物に使用した土壌害虫の防除用のアルドリンなどの農薬が土壌中に残留し，同じ畑でつぎに栽培したキュウリや馬鈴薯中に残留していたことが明らかになり，キュウリや馬鈴薯を栽培する予定のある農地ではアルドリンなどを使用しないよう行政指導がなされた（後藤 1971a, 155）。

相次ぐ残留農薬問題を受けて，1970（昭和45）年9月25日に開催された公害対策閣僚会議の第5回会合では，公害の概念に土壌汚染を加えることとした。その具体策として，公害対策基本法の公害の定義規定である2条1項を改正し，土壌汚染を公害に含めることとした。あわせて，土壌を汚染する農薬を規制するため，農薬取締法の改正を行うことが決定された（竹谷 1971, 11）。[37]

③昭和46年の農薬取締法改正の内容

前述の残留農薬問題などに対処するため，1970年（昭和45年）の公害国会（第64回国会）において農薬取締法が改正された。改正の趣旨は，残留農薬対

策を法的に整備することが中心である。おもな改正内容は次のとおりである。

(ア) 目的規定の新設

この改正により新たに目的規定が新設され，「……農業生産の安定と国民の健康の保護に資するとともに国民の生活環境の保全に寄与する」ことが目的とされた。目的規定をみると，「国民の健康の保護に資するとともに国民の生活環境の保全に寄与する」の部分は，公害国会で改正された公害対策基本法にならったものである。この部分が，「農業生産の安定」と並列で記述されているところが特徴である（1条）。

このような内容を有する目的規定の新設により，農薬取締法は，生活環境の保全に寄与することをひとつの法目的とすることとなり，環境法化したことが確認された。

(イ) 残留性農薬などの規制

指定農薬の制度を拡張して水質汚濁性農薬の規制制度とし，これに該当する農薬について知事による許可制とされた。すなわち，昭和38年改正で設けられた指定農薬制度は拡充され，作物残留性農薬，土壌残留性農薬，水質汚濁性農薬の3つの範疇のものが対象とされた。

(a) 作物残留性農薬

作物残留性農薬は，使用対象や使用方法を遵守しない場合に農作物中に残留するおそれがある農薬である（12条の2）。ガンマ BHC などが政令で指定された。作物残留性農薬は，当時は農林大臣の定める基準を遵守しなければならなかった。

(b) 土壌残留性農薬

土壌残留性農薬は，その成分が土壌中に数年間にわたり残留するため，その後同じ畑で栽培された作物に吸収されその作物中に残留する性質のある農薬である（12条の3）。政令でアルドリン，ディルドリンが指定された。土壌残留性農薬についても当時は農林大臣の定める基準を遵守しなければならなかった。さらに，農薬取締法改正後の1971（昭和46）年以降は，農薬の登録

申請に際して，残留性試験の結果を提出することが義務づけられた。

(c) 水質汚濁性農薬

この改正で指定農薬は水質汚濁性農薬に拡大された。このカテゴリーにはいるものは，相当広範な地域で一時期に相当量が使用された場合に一定の自然条件のもとで水産動植物に著しい被害を与えるおそれがあるか，または，水質汚濁が生じ，それが原因となって人畜に被害を生ずるおそれのある農薬である（12条の4）。また，これまでの昭和38年改正法では，対象となる農薬が水田で使用されるものに限定されていたが，昭和46年改正法では水田以外で使用されるものも対象となった。

以上のような改正により，このカテゴリーにはいる農薬が増加した。具体的には，これまで指定農薬に指定されていたPCP除草剤が今回の改正により水質汚濁性農薬に指定された。また，新たにディルドリン，エンドリンが水質汚濁性農薬に指定された。

水質汚濁性農薬は，一定地域における使用にあたって，あらかじめ都道府県知事の許可を受けることが義務づけられ，知事は，水産動植物の被害のおそれや水質汚濁のおそれを考慮して使用制限する地域を設定することとされた。

(ウ) 知事による利害調整規定の削除

農薬取締法の昭和38年改正により設けられた農業と水産業との利害調整を行う12条の2第2項および3項が改正され，自主的措置による農業と水産業との利害調整を知事が指導する条項は削除された。

これには次の2つの理由が考えられる。第一は，水産動植物に対して著しい被害が発生するおそれのある農薬などを知事が規則を制定して許可制とする制度を昭和46年改正法で新設したので，法規制の目的は達せられる。第二は，このような関係業界の意見の聴取や利害調整は，知事が当然行うべきことであり，あえて農薬取締法に書くには及ばない。[40]

（5） 農薬取締法の環境法化

以上のように本章では，農薬取締法の制定から昭和46年改正までをとりあげて，当初は不正粗悪な農薬を取締るために制定された法律が，環境法化する経緯を考察した。

農薬取締法の環境法化は，この法律が対象とする農薬の性質と現実に発生した水産被害への対処により生じたものである。すなわち，現実に水産業に被害を及ぼした事件に直面して，これに対処し水産業被害の発生を防止するため，水生生物に対して有害な農薬を規制することから，生活環境を保全することが法目的に加わった。それにより環境法としての性質を備えることとなり，環境法化したと考えられる。

ただし，昭和38年の改正時点では，農薬取締法に目的規定がなく，法目的が制定時から変化したことが明確には示されていなかった。このことを確認したのが昭和46年改正であるといえる。昭和46年改正によって，目的規定が新設され，農薬取締法は，生活環境の保全に寄与することをひとつの法目的とすることが明確となり，環境法化したことがはっきりと示された。

環境法の発展の流れのなかで，農薬取締法の昭和38年改正をとらえると，その後の公害対策基本法の制定および改正に連動して生じた諸法の環境法化のさきがけとなり，環境法化のひとつの道筋を示したように思える。このような観点からも農薬取締法の昭和38年改正法の意義が認められる。

4　漁業法と農薬取締法の環境法化の比較

本章では，自然環境に深くかかわっている漁業の秩序を担っている漁業法と農業生産に関連する農薬を規制している農薬取締法のふたつの法律を対象として，それぞれの法律が時代の推移とともに，どのように環境配慮を行ってきたのかを考察してきた。そして両者は，異なる形態で環境法化したことをみてきた。では，両者とも自然環境に関わる法律であるにもかかわらず，

なぜ異なる形で環境法化したのであろうか。その要因を考察することとしたい。

（1） 漁業法の環境法化の経緯

前述のように漁業法の発展経緯をみると，漁業法の最も重要な役割は，漁業秩序の維持であることがわかる。すなわち，漁業法は明治時代以来，漁業権制度を中心とした漁場秩序を法制度として構築してきた。漁業法にとってこの役割が極めて大きかったために，漁業法は漁業秩序の維持のための規制法であるとの観念が，議会や行政機関に浸透してこの法律にさらに資源維持，ひいては生態系保護の役割を加えることを躊躇させたものと考えられる。

水産資源保護法の制定を審議した第12回国会の1951（昭和26）年11月21日の水産委員会での法案の提案趣旨説明において，「漁業法とこの水産資源保護法，このふたつの法律がわが国の今後の水産業発展の二大支柱になり，水産の憲法として」制定されたのであり，秩序維持と資源保護の双方の法律が漁業の進展にとってともに重要であることが表明されている。

その後，1996（平成8）年には，200海里時代の海洋資源保護を目的として海洋生物資源の保存及び管理に関する法律が制定された。この法律は，水産資源の保護について漁獲可能量制度を設定し，排他的経済水域等における水産資源を生態学的な調査結果を考慮して管理する制度を有している。

この法律は，第1条の目的規定の中で「漁業法又は水産資源保護法による措置等と相まって，排他的経済水域等における海洋生物資源の保存及び管理を図」ることが謳われている。そしてこの法律においては，漁獲可能量の設定にあたっては，「最大持続生産量を実現することができる水準に特定海洋生物資源を維持し又は回復させる」ために，「海洋生物資源との関係等を基礎とし」て定めることとしている（海洋生物資源の保存及び管理に関する法律3条3項）。この法律では，このように主要な条項において，生態系の持続可能性を明確に考慮しており，環境法と考えられる。

つまり，この法律の目的規定において，日本の排他的経済水域などにおけ

る海洋生物資源について，漁獲量などを管理するこの法律，漁業法および水産資源保護法による措置を合わせて漁業の発展を図ることと定められている。また，漁獲可能量を設定するにあたっては，その前提となる水産資源の状態を把握して基本計画を策定することとされている。基本計画の策定においては，生態系の一部分を構成する水産資源の状態を勘案することが必要であり，水産資源の持続可能性を考慮して基本計画が策定される。

このように生態系保護の考え方と手法を用いて漁獲可能量が設定されることをみれば，海洋生物資源の保存及び管理に関する法律が生態系保全のための法律，すなわち環境法であるといえる。

以上のことから，漁業法，水産資源保護法，および海洋生物資源の保存及び管理に関する法律は，持続可能な漁業を支えるものとして特に重要な法律として位置づけられ，すでにみたように，これらの全体が環境法化したといえる。

(2) 農薬取締法の環境法化の経緯

農薬取締法は，制定当時は不正粗悪な農薬を取締るための法律であり，環境法としての性格を備えていなかった。しかし，一部の農薬が水産生物へ被害を及ぼしたことを契機に，1963 (昭和38) 年の改正によって環境汚染 (水質汚濁) を生じる農薬を規制することになり，環境保全が法目的として加わった。農薬取締法の昭和38年改正法は，目的規定を有してはいなかったが，改正内容から判断して，この改正により環境保全が目的に加わり環境法化したことはすでに述べたとおりである。

(3) 漁業法と農薬取締法の環境法化の違い

では，農薬取締法の場合には，農薬による環境汚染を防止するための法律を別に制定することなく，農薬取締法に新たな規定を加えることによって，農薬取締法自体に農薬についての環境保全措置を盛り込むことにしたのはな

ぜであろうか。

　この点について，農薬取締法の昭和38年当時改正草案策定作業に携わった農林省の職員は，「農薬取締法の改正で対処したのは，水産動植物の被害防止も，登録制度，表示制度などと一連の関係をもった対策によって十分なる効果を期しうることから農薬取締法を改正して対処することになった」と記している（小島 1963，8）。このように，農薬取締法の有する登録制度，表示制度などと一連の関係をもった対策によって十分な効果が得られると考えられたために，農薬取締法に水産動植物の被害防止規定を盛り込むことで対処することとされた。

　この点が，漁業法における水産資源保護への対処の場合と環境法化の形態が異なった要因と考えられる。すなわち，漁業法では，中心をなす漁業権制度など秩序維持の制度を活用することによって水産資源保護に対処するよりは，新たに水産資源保護についての法律を制定する方が効果的であると考えられた[41]。さらに，前述したように1951（昭和26）年に水産資源保護法を起草するに際して，漁業法にもある水産資源保護規定を新たに制定する法律にまとめた方がよいとの判断がなされたことによる。

　このような判断がなされたのは，水産資源は生態系の一部を構成するものであり，持続可能な漁業の発展を図るためには，その状態の科学的調査から漁獲制限に至るまで制度の運用にあたってはかなり大掛かりな仕組みが必要であり，漁業法とは別に水産資源保護のための法律を制定した方がいいとの考慮が働いたためと考えられる。実際に制定された水産資源保護法では科学調査，国営の人工ふ化放流，保護水面（水産動物が産卵し，稚魚が生育し，又は水産動植物の種苗が発生するのに適している水面）の制度など水産資源保護のためのさまざまな制度が定められた。

　このようなことが要因となって，漁業法の環境法化と農薬取締法の環境法化の形態が大きく異なったものと考えられる。したがって，漁業法と農薬取締法の環境法化の違いは，環境法化する以前のそれぞれの法律の仕組みが，

①環境保全措置を行うに際して，その法律本来の規制措置が環境保全措置とどれくらい関連性を有するか，②新たに考えられる環境保全措置がどのくらい大掛かりな制度となるか，といったことが両者の環境法化の形態に差異を生じた要因と考えられる。

　本章では，法制度に基づく環境配慮として環境法化について考察した。対象とした漁業法，農薬取締法はともに自然環境に関わる法律であるが，本章で見てきたように両者ともそれぞれ経緯を経て環境法化した。このような個々の法律の環境法化を具体的に考察することにより，さまざまな論点がみえてくるように思う。このような論点を検討することにより，法制度に基づく環境配慮である環境法化がどのように形成されるのかを知るための一助になればと思う。

注
（1）　このような環境法の枠組みの設定は，1967（昭和42）年に制定された公害対策基本法（昭和42年8月3日法律132号）1条の目的規定をもとにしたものである。これに，自然環境保全法（昭和47年6月22日法律第85号）2条や環境基本法（平成5年11月19日法律第91号）3条および14条などで規定された生態系としての自然環境の保全，生物多様性の保護を加えたものである。
（2）　漁業法については，明治時代以降に制定された次の3つの法律を扱う。①明治34年4月13日法律第34号，②明治43年4月21日法律第58号，③昭和24年12月15日法律第267号。
（3）　第2回国会衆議院農林委員会議事録第12号（昭和23年6月1日）平野善治郎政府委員（農林省農林政務次官）の農薬取締法提案理由説明。
（4）　地方においても，たとえば，広島県下では旧藩の支配下で地元の牡蠣漁場が売買や質入れの対象となり私有地化していたのをあらため，漁場を官有とする旨の布達が発せられた（青塚 2000，48）。
（5）　村田 保（むらた たもつ）（1842～1925年）明治時代の法制官僚，政治家。元老院議官，貴族院勅選議員，水産伝習所二代目所長，大日本水産会副総裁などをつとめた。とくに，わが国の水産業の振興につくした。
（6）　複数の府県にわたる場合は関係する地方長官が協議のうえこれを決定する。さらに，この地方長官の協議が調わないときには，農商務大臣が決定する（同4条）。
（7）　第1回村田案の条文については羽原（1957，202-205）による。
（8）　北海道では個人に定置漁業の漁場専用権などを与え，法律によって，それが排他独

占的な権利であることを認めるべきだと主張する新興派の漁民の力が強かった。
（9）　第2回政府案の条文については青塚（2000, 415-417）による。
（10）　政府は，漁業法の改正の翌年漁業組合令を改正（昭和9年7月25日勅令第232号）し，漁業組合組織の責任の明確化に努めた。その結果，1937（昭和12）年までに4013の漁業組合のうち，漁業協同組合に改組したところが1612，非出資責任組合としたところが182あり，合計で1794組合（全体の45%）が責任組織となった（赤井 2005, 45）。
（11）　以西トロール漁業，以西底引き網漁業とは，九州西方海上に拡がる広大な大陸棚を有し，漁業資源の豊富な東シナ海の東経130度以西で操業するトロール漁業，底引き網漁業のことである。なお，これらの漁業の許可水域は時代により多少変動し，現在は，東経128度29分53秒以西と定められている（漁業法第52条第1項の指定漁業を定める政令（昭和38年1月22日政令第6号））。
（12）　太平洋戦争で日本の動力漁船の隻数ベースで12.7%，トン数ベースで約半数が失われた。しかし，戦後2年4ヵ月で戦前のピークを上回る隻数になった（赤井 2005, 58-62）。
（13）　従来の漁業権を廃止するにあたり，相当の補償を行った（漁業法施行法（昭和24年12月15日法律第268号）9条）。
（14）　地先水面専用漁業権は93%が組合所有であり，その他の漁業権でも60%は漁業組合が所有していた（水産庁経済課編 1950, 49）。
（15）　その経緯については，牧野（2013, 53-55）にまとめられている。
（16）　北海道では11海区，長崎県では4海区など複数の海区が設定されている都道府県もあり，現在は全国で64の海区ごとに海区漁業調整委員会が置かれている。
（17）　公共用水域の水質の保全に関する法律（昭和33年12月25日法律第181号）（水質保全法）および工場排水等の規制に関する法律（昭和33年12月25日法律182号）（工場排水規制法）。
（18）　第12回国会衆議院水産委員会議事録第16号（昭和26年11月21日）鈴木善幸委員の水産資源保護法案提案趣旨説明。なお，この法案は，議員立法である。
（19）　同上。
（20）　この点を指摘するものとして牧野（2013, 61）。
（21）　その他，特定の地域で特定の魚種に対してモデル事業としてIQ方式が実施されている。
（22）　殺虫剤を中心に農薬が不足しており，1947（昭和22）年に農林省は農業資材配給規則を制定し殺虫剤に対し切符制度による配給制を実施していた。
（23）　第2回国会衆議院農林委員会議事録第12号（昭和23年6月1日）平野善治郎政府委員（農林省農林政務次官）の農薬取締法案提案理由説明。
（24）　同上。
（25）　第10回国会衆議院農林委員会議事録第24号（昭和26年3月19日）島村軍次政府委員（農林省農林政務次官）の法案説明。また，昭和26年の農薬取締法の改正で，輸出を

第8章　環境配慮のための法制度の推移

　　　目的として製造・販売される農薬は農薬取締法の適用除外とされた。
(26)　同上議事録。
(27)　同上議事録。
(28)　指示を受けてから1ヵ月以内に指示を受けた者が改良しないときは，農林大臣は登録の申請を却下する（昭和26年制定法3条2項）。
(29)　第43回国会参議院農林水産委員会議事録第25号（昭和38年3月29日）。
(30)　第41回国会衆議院農林水産委員会議事録第6号（昭和37年8月28日）齋藤誠農林省振興局長答弁。
(31)　第43回国会参議院農林水産委員会議事録第25号（昭和38年3月29日）庄野五一郎政府委員（水産庁長官）答弁。
(32)　農薬取締法の昭和38年改正の経緯については辻（2016，26-38）参照。
(33)　このような農薬に対しては，農林大臣は登録を保留し，品質を改良するように指示することができ，指示を受けてから1ヵ月以内に指示を受けた者が改良しないときは，登録の申請を却下する（3条1項および3項）。
(34)　このほか，農薬の使用にともなう被害の防止のために農林大臣または都道府県知事は必要な指導を行うことができるようにし（昭和38年改正法12条の3），農薬を取扱う事業者に対する報告の徴収，立入検査を農林大臣から都道府県知事に委任できるようにした（13条3項）。
(35)　公害審議会中間報告「公害に関する基本的施策について」（昭和41年8月4日）の「五　公害問題に対処する基本的態度について」より引用（『ジュリスト』353号（1966年）：125を参照した）。
(36)　公害審議会「公害に関する基本的施策について（答申）」（昭和41年10月7日）の「結語」より引用（『ジュリスト』358号（1966年）：131を参照した）。
(37)　農薬取締法の昭和46年改正の経緯については辻（2016，55-63）参照。
(38)　農薬取締法施行令（昭和46年3月30日政令第56号）。
(39)　現在は環境大臣が定める。
(40)　第64回国会衆議院農林水産委員会議事録第2号（昭和45年12月7日），中野和仁政府委員（農林省農政局長）答弁。
(41)　また，本章で言及したような当時の時代背景を考えると，日本の漁船の操業海域の拡張を求めるにあたり，新たに法律を制定する方が，日本政府として熱心に水産資源の保護に取り組んでいるとGHQにアピールできるとの思惑があったとも考えられる。そのため，水産資源枯渇防止法や水産資源保護法が漁業法とは別に制定されたとも考えることができる。

参考文献
青塚繁志（2000）『日本漁業法史』北斗書房。
赤井雄次（2005）『日本漁業・水産業の変遷と展望』水産経営技術研究所。
岩田幸基編（1971）『新訂公害対策基本法の解説』新日本法規出版。

233

潮見俊隆（1951）『日本における漁業法の歴史とその性格』日本評論社。
―――（1954）『漁村の構造』岩波書店。
及川敬貴（2010）『生物多様性というロジック――環境法の静かな革命』勁草書房。
樫谷政鶴（1902）『漁業法論（再版）』樫谷政鶴。
経済企画庁戦後経済史編纂室（1992）『戦後経済史4　経済政策編』原書房。
熊木治平（1902）『実用漁業法解釈』豊國新聞社。
小島和義（1963）「農薬取締りを整備強化」『時の法令』462: 7-13。
後藤真康（1971a）「農薬使用の問題点と農薬取締法の改正」『自治研究』47(3)：149-161。
―――（1971b）「農薬取締法と農薬の使用規制」『雑草研究』12: 14-22。
水産庁（1963）『漁業基本対策史料　第一巻』水産庁。
水産庁経済課編（1950）『漁業制度改革』日本経済新聞社。
竹谷喜久雄（1971）「"自然憲章"的性格を現然化――公害対策基本法の一部を改正する法律」商事法務研究会編『新公害14法の解説』商事法務研究会。
辻信一（2016）『環境法化現象――経済振興との対立を超えて』昭和堂。
二野瓶徳夫（1962）『漁業構造の史的研究』御茶の水書房。
羽原又吉（1957）『日本近代漁業経済史　下巻』岩波書店。
平野隆一（1997）「国連海洋法条約における漁業管理の考え方」『国際資源』273: 2-7。
牧野光琢（2013）『日本漁業の制度分析――漁業管理と生態系保全』恒星社厚生閣。

付録　環境政策史研究会の歩み

(注) 敬称略。報告者の所属は報告当時のものである。

2010年5月21日　設立。定例研究会 (キャンパス・イノベーションセンター東京にて開催)
　報告：喜多川進 (山梨大学)「環境政策史研究の構想——環境政策史研究会創設の意義」
　報告：除本理史 (東京経済大学)「『環境再生のまちづくり』の理論と運動——大阪・西淀川という『場』を介した両者の相互規定的な展開について」

2010年7月30日　定例研究会 (工学院大学新宿キャンパスにて開催)
　報告：太田義孝 (海洋政策研究財団)「人類学と海洋政策——接点のヴァーチャリズム」
　報告：辰巳智行 (一橋大学大学院)「自然保護から自然管理へ——鳥獣保護法の変遷を事例として」

2010年9月17日　講演会 (キャンパス・イノベーションセンター東京にて開催)
　報告：竹本太郎 (東京大学)「『学校林』をめぐる政策の変遷——財産形成，愛国心昂揚，国土緑化，環境教育」

2010年12月3日　定例研究会 (工学院大学新宿キャンパスにて開催)
　報告：野田浩二 (武蔵野大学)「神奈川県にみる初期水質保全の政策過程分析」
　報告：佐藤圭一 (一橋大学大学院)「日本における気候変動言説ネットワークの発展過程」

2011年4月15日　定例研究会 (キャンパス・イノベーションセンター東京にて開催)
　報告：中野伸子 (横浜国立大学大学院)「地下水資源管理政策の史的考察のための覚書——日本における公水論の諸相と自治体条例の展開」
　報告：赤嶺淳 (名古屋市立大学)「『ナマコを歩く』とその後——『学問の同時代史

的視座』の意義は？」

2011年9月2日・3日　夏合宿（甲州市勝沼ぶどうの丘にて開催）
9月2日
　報告：水野祥子（九州産業大学）「イギリス帝国の土壌浸食をめぐる議論」
　報告：及川敬貴（横浜国立大学）「環境行政組織成立試論序説――フーバーの革新，ルーズベルトの革命」
　報告：高橋智子（山梨大学）「1950年代における原子力の『平和利用』と放射線防護」
　報告：藤原文哉（山梨大学大学院）「環境政策史の方法論に関する検討」
9月3日
　報告：野田浩二（武蔵野大学）「主観的公害認定の実態と理論――神奈川県事業場公害防止条例の再評価」
　報告：佐藤圭一（一橋大学大学院）「1980年代の日本における気候変動政策の展開と環境政治」
　報告：喜多川進（山梨大学）「『環境先進国ドイツ』への転換――コール政権における環境政策の展開」

2011年9月24日　環境経済・政策学会（長崎大学文教キャンパスにて開催）
企画セッション「環境政策史――環境政策のパラダイム転換」
- 1930年代：保全思想・行政の源流
　報告：水野祥子（九州産業大学）「イギリス帝国の土壌浸食をめぐる議論」
　報告：及川敬貴（横浜国立大学）「環境行政組織成立試論序説――フーバーの革新，ルーズベルトの革命」
- 1950年代：新しい政策への胎動期
　報告：高橋智子（山梨大学）「1950年代における原子力の『平和利用』と放射線防護」
　報告：野田浩二（武蔵野大学）「主観的公害認定の実態と理論――神奈川県事業場公害防止条例の再評価」
- 1980年代：「茶色」の頭の政治家の「緑色」？への転換
　報告：佐藤圭一（一橋大学大学院）「1980年代の日本における気候変動政策の展開と環境政治」

報告：喜多川進（山梨大学）「『環境先進国ドイツ』への転換——コール政権における環境政策の展開」
討論：瀬戸口明久（大阪市立大学），諸富徹（京都大学）

2011年12月9日　定例研究会（キャンパス・イノベーションセンター東京にて開催）
報告：北見宏介（名城大学）「環境訴訟への政府の対応の歴史的基盤」
報告：佐藤一光（慶応義塾大学大学院）「ドイツにおける地球温暖化対策税の導入とその挫折——シュレーダー政権の財政改革の再評価を中心に」

2012年4月14日　定例研究会（工学院大学新宿キャンパスにて開催）
報告：尾内隆之（流通経済大学）「北海道における遺伝子組換え作物規制の政治過程」
報告：辻信一（名古屋大学）「化審法前史——わが国の化学物質管理は如何にして始まったか」

2012年6月30日　定例研究会（東京経済大学国分寺キャンパスにて開催）
報告：佐藤一光（慶応義塾大学大学院）「環境税の受容意識に関する研究」
報告：高橋智子（山梨大学）「放射能汚染データの測定管理体制の問題点」

2012年8月31日・9月1日　夏合宿（甲州市勝沼ぶどうの丘にて開催）
8月31日
報告：中野佳裕（国際基督教大学）「開発研究におけるポスト開発・脱成長論の貢献」
報告：辛島理人（京都大学）「社会民主主義とアジア——板垣與一における開発とナショナリズム」
ブレーン・ストーミング：「環境政策史で何がわかるか？　何ができるか？」
9月1日
報告：瀬戸口明久（大阪市立大学）「日本における鳥獣保護政策の成立——境界オブジェクトとしての『野生動物』」
報告：辻信一（名古屋大学）「化学物質管理政策の転換点——危険防御からリスク配慮へ：化審法の昭和61年改正の意義」
報告：水野祥子（九州産業大学）「1930-40年代のイギリス帝国における土地管理構

想」

2012年9月15日　環境経済・政策学会（東北大学川内キャンパスにて開催）
企画セッション「環境政策史」
　　報告：喜多川進（山梨大学）「研究戦略としての環境政策史」
　　討論：瀬戸口明久（大阪市立大学）
　　報告：瀬戸口明久（大阪市立大学）「日本における鳥獣保護政策の成立——境界オブジェクトとしての『野生動物』」
　　討論：辛島理人（京都大学）
　　報告：辻信一（名古屋大学）「化学物質管理政策の転換点——危険防御からリスク配慮へ：化審法の昭和61年改正の意義」
　　討論：伊藤康（千葉商科大学）

2012年12月1日　定例研究会（東京経済大学国分寺キャンパスにて開催）
　　報告：竹本太郎（東京大学）「植民地朝鮮における緑化政策の意義：齋藤音作の足跡から」
　　報告：島本実（一橋大学）「国家プロジェクトによる再生可能エネルギー開発——サンシャイン計画について」

2013年4月20日　定例研究会（東京経済大学国分寺キャンパスにて開催）
　　報告：辻信一（名古屋大学）「欧州統合運動の展開と欧州経済共同体の成立経緯」
　　報告：伊藤康（千葉商科大学）「高度成長期における電力会社の低硫黄化対策——通産省のエネルギー政策への対抗策としての側面」

2013年7月20日　定例研究会（法政大学市ヶ谷キャンパスにて開催）
　　報告：波多野英治（明治学院大学）「欧州における水法政策の発展経緯と国際法原則への影響」
　　報告：佐藤圭一（一橋大学大学院）「日本の温暖化政策ネットワークの構造——カルテル・コミュニティとしての政治過程」

2013年9月6日・9月7日　夏合宿（名城大学名駅サテライトにて開催）
9月6日

報告：小堀聡（名古屋大学）「日本のエネルギー革命 1920-1960」
報告：伊藤康（千葉商科大学）「日本のエネルギー政策と環境政策」
報告：田村哲樹（名古屋大学）「多層的な熟議民主主義へ」
9月7日
報告：中澤高師（James Cook University，静岡大学）「東京都23区における自区内処理政策の歴史的変遷」
報告：藤原文哉（横浜国立大学大学院）「反環境保護運動――アメリカ環境政治のもうひとつの視点」

2013年9月22日　環境経済・政策学会（神戸大学鶴甲第1キャンパス等にて開催）
企画セッション「環境政策史――原子力・資源開発をめぐる政策史」
報告：小堀聡（名古屋大学）「1950年代日本における国内資源開発主義の軌跡――安藝皎一と大来佐武郎に注目して」
討論：辛島理人（京都大学），伊藤康（千葉商科大学）
報告：本田宏（北海学園大学）「ドイツの原子力をめぐる政治過程と政策対話」
討論者：辰巳智行（一橋大学大学院），喜多川進（山梨大学）

2013年10月24日 The Second Conference of East Asian Environmental History
(National Dong Hwa University, Taiwan にて開催)
Panel: Environmental Policy History
報告：Hiroki Oikawa, "Environmentalization of Natural Resources Laws: A Venue towards Sustainable Development?"
報告：Nobuko Nakano, "Groundwater for Strategic Resources: Historical Developments of Groundwater Management Policy in Hadano City"
報告：Susumu Kitagawa, "Formulation and Development of German Packaging Waste Policy: A Study in Environmental Policy History"
報告：Yasushi Ito, "Japanese Power Companies' Measures to Reduce SOX Emissions in Response to the Energy Policies of MITI in the 1960s-70s"

2013年12月7日　定例研究会（法政大学市ヶ谷キャンパスにて開催）
報告：辰巳智行（一橋大学大学院）「鳥獣政策の歴史的変遷――1999年特定鳥獣保護管理計画の導入に着目して」

報告：及川敬貴　（横浜国立大学）「自然資源利用法の『環境法化』に関する一考察」

2014年4月12日　定例研究会（法政大学市ヶ谷キャンパスにて開催）
　報告：喜多川進　（山梨大学）「ドイツ容器包装廃棄物政策史 1970-1991」
　報告：地田徹朗（北海道大学）「アラル海危機へのソ連国内での初期対応について——1970年代を中心に」

2014年7月26日　定例研究会（法政大学市ヶ谷キャンパスにて開催）
　報告：佐藤圭一（一橋大学大学院）「3.11以降の脱原発運動の重層性と多様性——脱原発運動アンケート調査の分析から」
　報告：西澤栄一郎（法政大学）「オランダの家畜糞尿政策におけるミネラル会計制度（MINAS）——理念と現実」

2014年8月29日・30日　夏合宿（甲州市勝沼ぶどうの丘にて開催）
8月29日
　合評会：友澤悠季（立教大学）『「問い」としての公害——環境社会学者・飯島伸子の思索』
　報告：佐藤仁（東京大学）「環境政策史研究から政策提言の導出は可能か？——プリンストン大学アジア比較環境政策史の講義計画を素材に」
8月30日
　ブレーン・ストーミング：「環境政策史は何を目指すのか？」

2014年9月14日　環境経済・政策学会（法政大学多摩キャンパスにて開催）
パネルディスカッション「環境政策史は何を目指すのか？」
パネリスト：辛島理人（関西学院大学），朴勝俊　（関西学院大学），佐藤圭一（一橋大学大学院），喜多川進（山梨大学）

2014年12月13日　定例研究会（法政大学市ヶ谷キャンパスにて開催）
　報告：井上浩子（早稲田大学）「トランスナショナルな社会運動とその成功の要件——東ティモールの独立過程を事例にして」
　報告：佐藤仁（東京大学）「環境統治の時代」

2015年4月18日　定例研究会（法政大学市ヶ谷キャンパスにて開催）
　報告：佐藤圭一（東北大学・日本学術振興会特別研究員）「日本の気候変動政策レジーム――京都議定書第一次約束期間を中心に」
　報告：根本雅也（一橋大学）「非政治的な価値の政治性――広島と人道主義」

2015年8月21日・22日　夏合宿（山梨大学甲府キャンパスにて開催）
8月21日
　報告：瀬畑源（長野県短期大学）「日本の公文書管理制度の歴史と現状」
8月22日
　報告：定松淳（東京大学）「所沢ダイオキシン問題と1990年代ダイオキシン規制の相互関係」

2015年9月18日　環境経済・政策学会（京都大学吉田キャンパスにて開催）
「環境政策史」分科会
　報告：友澤悠季（法政大学）「『公害から環境へ』という政策転換がもった時代的意味の考察」
　討論：小堀聡（名古屋大学）
　報告：喜多川進（山梨大学）「『環境政策史論――ドイツ容器包装廃棄物政策の展開』――批判と応答」
　討論：辛島理人（関西学院大学）

2015年11月7日　シンポジウム「環境研究をひらく――着想・出版・伸展」（法政大学市ヶ谷キャンパスにて開催）
　主催：環境政策史研究会・環境経済・政策学会，後援：法政大学大原社会問題研究所
　基調講演：藤原辰史（京都大学）
　パネリスト：藤原辰史（京都大学），髙橋弘（岩波書店編集局），及川敬貴（横浜国立大学），友澤悠季（法政大学），辛島理人（関西学院大学），喜多川進（山梨大学）

2016年7月30日　定例研究会（法政大学市ヶ谷キャンパスにて開催）
　報告：加藤里紗（名古屋大学大学院）「韓国におけるエコロジー的近代化の進展」

報告：辻信一（名古屋大学）「技術基準としてのトップランナー方式の考察」

2016年9月11日　環境経済・政策学会（青山学院大学青山キャンパスにて開催）
企画セッション「環境・エネルギー政策と技術開発——歴史的アプローチの重要性」
　報告：伊藤康（千葉商科大学）「高度成長期日本の硫黄酸化物対策」
　報告：島本実（一橋大学）「サンシャイン計画と太陽光発電産業の生成」
　報告：辻信一（名古屋大学）「技術基準としてのトップランナー方式の考察」
　討論：小堀聡（名古屋大学），伊藤康（千葉商科大学）

2016年12月17日　定例研究会（法政大学市ヶ谷キャンパスにて開催）
　報告：日高卓朗（大阪大学大学院）「20世紀アメリカにおける水資源開発事業の分析——開墾局の事業を中心に」
　報告：開田奈穂美（東京大学）「諫早湾干拓問題をめぐる被害の語りと法的責任」

あ と が き

　環境経済・政策学会の年報に喜多川進さんの「環境政策史研究の動向と展望」が掲載されたのは，今から10年前のことである。環境政策の実像を描くためには，歴史的経緯を把握することが重要ではないかと漠然と考えていた私は，大変興味深くこの論文を読んだ。ただ，環境政策史研究会が2010年に設立されたことは知らず，喜多川さんにはじめてお会いしたのは，2012年の環境経済・政策学会の企画セッションのときだった。これ以降，研究会に参加させてもらうようになり，さまざまな分野の方たちの報告を聞き，多くを学んできた。ふだん，農業経済学の分野の人たちと主に研究をしている私には，他分野の研究に触れることが大きな刺激となっている。くわえて，研究所から大学に移り，日々の業務に追われ，じっくりと議論する場から遠ざかっていた私にとって，この研究会には大変貴重な機会を提供してもらっていると感じている。

　2013年4月から，大原社会問題研究所の運営委員になり，研究所の共同プロジェクトに，「環境政策史の学際的研究」というテーマで応募した。社会・労働問題を扱う当研究所は，環境問題にはほとんど取り組んでこなかったが，幸いにもこのプロジェクトは採択され，助成金を得ることができた。研究所としても環境問題を扱うべきであるという理解が得られたことは，ありがたいことであった。なお，ちょうどこのころ，2011年に公開された環境アーカイブズが当研究所に移管されている。

　そして，翌年9月には本書の企画を研究所の運営委員会に提案し，叢書として刊行することが承認された。執筆者は2015年8月（甲府），12月（東京），16年4月（東京）と3回集まり，草稿を持ち寄って議論を重ねた。3章以下

の各論は，国，テーマ，時代，アプローチは多様であるが，論文の単なる寄せ集めにならないよう，問題意識の共有につとめ，学問分野によって異なりがちな執筆様式を揃えることも心がけた。

　このような経緯で本書はできあがった。法政大学大原社会問題研究所叢書としての刊行をお認めいただいた鈴木玲所長，原伸子前所長，ならびに運営委員の方々，また刊行にあたりお世話になった研究開発センター多摩事務課の平嶋圭一課長と土方道子主任に深く感謝申し上げる。

　なお，本書のもうひとりの編者である喜多川さんは，企画，出版社との交渉，進行管理など，編者としての重要な仕事を引き受けられた。とくに2016年度は在外研究にもかかわらず，スケジュールが厳しいなか，きめ細やかな編集作業をしていただいたことを，記しておきたい。

　　2017年1月

西澤栄一郎

索　引
（＊は人名）

あ 行

＊アイゼンハワー，ドワイト（Eisenhower, Dwight D.）　175
赤赤連立　162
赤緑連立　151-166, 168
　──期　166
アクター　14, 19
アクターネットワーク理論（ANT）　30
アジェンダ2010　159, 162, 165, 171
新しい社会運動　152, 158, 163, 169
アドボカシー連合　158, 163, 169
アフリカ研究調査　47
『アフリカの科学』　47
網元　189
　──支配体制　190
アメリカ合衆国の情報自由法　88
安全なエネルギー供給に関する倫理委員会　169
イギリス　43-45, 48, 52, 62
　──帝国　44
以西底引き網漁業　202
以西底引き網漁船　208
以西トロール漁業　202
以西トロール漁船　208
「一定」　34
インプット・フィードバック関係　27, 31, 36
＊ヴァーバ，シドニー（Verba, Sidney）　22
ヴァッテンフォル　99, 105, 115
ウガンダ　48-50, 54, 59, 60
エコ研究所　155
エコロジー的近代化　160, 168
エコロジカル・トレーニング　51-53
エコロジカルな開発　43, 54, 63, 64
エネルギー委員会　101, 107, 108, 120
エネルギー効率改善　113
エネルギー政策　96, 97, 101, 102, 113, 118, 119, 155, 181
エネルギー庁　108
＊及川敬貴　10, 11
欧州委員会　140, 141, 173-175, 178
欧州原子力安全規制者グループ（ENSREG）　173, 174
欧州原子力共同体（EURATOM）　171, 173, 175-178, 180, 181
欧州裁判所　126, 141, 148, 175, 180
欧州理事会　173, 178
欧州連合（EU）　125, 147, 151, 173, 175, 177-182
＊オバマ，バラク（Obama, Barack）　160
オランダ農業・園芸協会　143
オリンピック方式　214

か 行

＊カー，エドワード（Carr, Edward H.）　26
開発思想　43, 56, 63
海洋生物資源の保存及び管理に関する法律　213, 215
価格インセンティブ　115, 119
家禽生産権制度　132
学際交流　20
学問の「癖」　20
家畜飼養密度　125
家畜単位　128
＊カットン，ウィリアム（Catton, William）　28, 29
過程追跡　22
「環境」　25, 26
環境基本法　188
環境史　2, 3
環境政策研究　1, 2, 7
環境政策史　1, 2, 21, 23, 24, 27

245

環境統治　29
環境配慮　187
環境法化　26, 187
慣行漁業権　195, 197
慣行的漁場主義　191
慣行派　191
気候変動　111
基礎研究　47, 48, 50, 51, 53, 55, 56, 60, 61
＊喜多川進　19
機能主義　22, 23
漁獲可能量　214, 216, 228
漁獲可能量制度（TAC 制度）　214, 228
漁獲努力量　214
漁業組合準則　190
漁業権　206
　　——の物権化　191
漁業調整委員会　206
キリスト教民主同盟（CDU）　151, 157, 162, 165
キリスト教民主社会同盟（CDU/CSU）　153, 160, 164, 165
緊急時防護措置準備区域（UPZ）　172
＊キング，ゲイリー（King, Gary）　22
＊公文俊平　23
＊クライナー，マティアス（Kleiner, Matthias）　169
グランドナッツ（落花生）計画　59
グリーン・ニューディール　160
＊クレッチュマン，ヴィンフリート（Kretschmann, Winfried）　162
黒緑連立　164, 165
経験知　57
経済的手法　125, 139
経路依存　34
＊ゲシン゠ジョーンズ，G・H（Gethin-Jones G. H.）　53, 54, 56
ケニア　45, 48-50, 53, 54, 60
研究開発　103, 110, 113, 118, 139, 160
原子力活動法　107, 110, 120
原子力条件法　101, 107
原子力法　155, 156, 159, 161, 162, 167
原子炉安全委員会（RSK）　169, 170, 181

公害研究　8
公害対策基本法　225
構造変動　33
構築主義　23
＊コール，ヘルムート（Kohl, Helmut）　167
国際原子力機関（IAEA）　172-177, 181
国民投票　95, 102, 104
国連　45, 63
国連海洋法条約　213
国連食糧農業機関（FAO）　64
国連人間環境会議　100
国家環境政策法（NEPA）　73
＊コヘイン，ロバート（Keohane, Robert）　22
個別割当方式（IQ 方式）　215
5 ポイント計画　208
＊小堀聡　12, 13
＊コリアー，デイビッド（Collier, David）　22

さ 行

サイクル　33, 34
歳出配分承認法　76-78
再生可能エネルギー　108, 110, 113, 117, 119, 153, 160, 161, 172
最大持続生産量　216, 228
砂質土壌　129
＊佐藤仁　29
＊佐藤誠三郎　23
左翼党　164-166
ザンジバル　48, 50, 54
残留農薬問題　223, 224
「時間」　24, 31, 36
　　——の「ズレ」　19, 21, 30, 31, 34
資源管理制度　41
自己強化過程　34
質的研究　22, 23
指定農薬　220
　　——制度　220
司法省（Department of Justice）　70, 71, 77, 79-82, 84, 86-89, 91

『社会科学の方法論争』　22
『社会科学のリサーチ・デザイン』　22
社会的課題　26, 28
社会民主党（SPD）　152-155, 158-160, 164, 166-169
社会モデル　24
ジャマイカ連立　164
自由主義的法思想　191
自由主義派　191
自由民主党（FDP）　153, 161, 165, 166
重要生息地　73, 74, 89
熟議民主主義　171
＊シュラーズ，ミランダ（Schreurs, Miranda）　23
＊シュレーダー，ゲアハルト（Schröder, Gerhard）　155-157, 162
省エネ　96, 104, 108, 113, 117, 118
　──政策　97
硝酸塩
　──警戒地域　138
　──指令　126, 135, 137, 138, 141, 147, 148
　──濃度　130, 137-139
硝酸性窒素　128
譲渡性個別割当方式（ITQ方式）　215
情報公開請求　89
訟務長官　79-82, 84, 86
施用量基準　132, 135, 141, 142, 146
植民地
　──科学者　42
　──研究委員会（CRC）　47, 48
　──省　44, 47-49, 60-63
植民地開発
　──政策　44
　──福祉法　45, 48, 49
　──法　45
指令（EU）　179
新環境パラダイム　28
新自由主義　155, 159, 165, 166
身体　25
水産業協同組合法　202
水産資源枯渇防止法　207

水産資源保護法　207, 209, 210
水質汚濁性農薬　226
水質二法　210
＊鈴木晃仁　3, 9
ストレステスト　169, 173, 181
スネイルダーター　73-76
　──事件　71, 78, 79, 82-90
スリーマイル島原発事故　95, 102, 104
「政策」　24, 35
政策間の調整　87
政策史　25, 27
政策選好　36
政策領域　25, 26
生産糞尿移動法　131
政治過程論　24
生態／生体　25, 28, 35
『成長の限界』　28
政府内の対立　69, 70, 84, 86, 87, 90
政府内部の見解調整　90
政府による主張活動　69
政府による訴訟活動　71, 90
政府の訴訟活動の権限　87
石油依存　35, 36, 96, 106-108, 115, 118
絶滅の危機にある種の保護法（ESA）　70-78, 80, 85, 89, 90
1981年エネルギー政策　106-108
1985年エネルギー決定　108
漸新的な開発アプローチ　63
全党コンセンサス　151
訴訟　69, 71
訴訟活動　79, 87, 89
　──について司法省に依存　87
　──の過程　91
　──の権限　79, 88
訴訟過程　90
訴訟対応の過程　88
損失基準量　125, 135-137, 140-143

た行

＊ダール，ビルギッタ（Dahl, Birgitta）　108-110, 112, 118, 120, 121
第1回村田案　192

第一種特定海洋生物資源　214
第3次国連海洋法会議　212
代替エネルギー　97, 103, 108, 172
　　──開発　113
第二次植民地占領　45
第二種特定海洋生物資源　214
大日本水産会　194
タイミング　33
大連立　153, 159, 162-164
脱原発合意　153, 157-161, 163, 172
脱原発全党コンセンサス　166
縦割り化　85
タンガニイカ　48-50, 54, 59
＊タンズリー，A・G（Tansley, A.G.）　52
炭素税　111, 119, 121
＊ダンラップ，ライリー（Dunlap, Riley）
　　28, 29
地域熱供給　107
チェルノブイリ　152
　　──原発　152, 154, 167
　　──原発事故　96, 109, 110, 154, 167, 176
地球温暖化　35, 36, 111, 118, 121
　　──対策　112, 121, 160
地先水面専用漁業権　196
窒素　54, 125, 128, 132, 136, 144
中道右派　95, 104, 148
中道保守　153, 154, 164
　　──連立　160, 161, 163
定性的比較分析　22
テネシー渓谷開発公社（TVA）　70, 78, 80, 82
＊テプファー，クラウス（Töpfer, Klaus）
　　169
テリコダム　71, 74-78, 90
天然ガス　104, 108, 111, 118
デンマーク　113, 125
電力市場自由化　172
電力自由化　99, 119
電力税　110, 115, 121
ドイツのための選択肢（AfD）　164
同時多発テロ　159, 166
登録保留基準　220

特定海洋生物資源　214, 228
土壌調査　51-53
土壌保全法　130, 131
土地利用調査　52, 53
＊トラップネル，C・G（Trapnell, C.G.）
　　52-54, 58
＊トリッティン，ユルゲン（Trittin, Jürgen）
　　156, 157
トレンド　32-36
豚コレラ　132

　　　　な　行

内務長官（Secretary of Interior）　70, 73, 74, 76-78, 81
　　──の見解　76, 78, 82, 87
人間特例主義（HEP）　28
認知的側面　29, 35
ネオ・コーポラティズム　142, 158, 170
農業委員会　142, 143
農業開発　43, 44, 50, 56, 63
農業の機械化　43, 59

　　　　は　行

＊バーケ，ライナー（Baake, Rainer）　155
＊パーソンズ，ウォーレン（Persons, Warren M.）　32
＊ハイエール，マールテン（Hajer, Maarten）
　　29
バイオマス　110, 111
排他的経済水域　213
バルセベック原発　101, 104, 110
＊パルメ，オーロフ（Palme, Olof）　107, 108, 120
＊ピアソン，ポール（Pierson, Paul）　16, 33
東アフリカ高等弁務府（East Africa High Commission）　49, 50, 65
東アフリカ農業研究所（EAARI）　50, 53
東アフリカ農業林業研究機関（EAAFRO）
　　44, 50-52, 54-56, 58, 60, 61, 64
100日プログラム（100-Tage-Programm）
　　155, 156, 158
肥料実験　54, 55, 58-61, 64

＊フィッシャー，ヨシュカ（Fischer, Joschka） 154
風力発電　113
福島原発事故　33, 151, 153, 162, 163, 169, 172, 173, 176
＊藤原辰史　8, 25
豚生産権制度　132
復古運動　197
＊ブラウン，レズリー・H（Brown, Leslie H.） 53, 62
＊プラッター，ジークムント（Plater, Zygmunt）　74, 83
＊ブレイディ，ヘンリー（Brady, Henry E.） 22
糞尿基準量　131, 139
糞尿使用政令　131
糞尿処理契約制度　140
糞尿生産権　131, 142, 143
糞尿法　130, 131
＊ヘイリー，マルコム（Hailey, Malcolm） 47
ヘッセン　153-156, 159, 165
＊ヘリントン，ウイリアム（Herrington, William C.）　208
＊ベル，グリフィン（Bell, Griffin）　80, 82, 83, 86, 87
＊ヘルツォーク，ローマン（Herzog, Roman） 180
変化の経験　27
ベンゼンヘキサクロライド　224
放射性廃棄物　100, 155, 172, 173, 181-183
法則定立　23
法務総裁　79-81, 86-89
＊ホーリーフィールド，ライアン（Holifield, Ryan） 30
保護水面　230
保全　42, 59, 64
ポピュリズム　165
ホワイトハウス　78, 81, 82, 87
　――による訴訟活動の過程への介入　86
＊本田宏　33

ま　行

＊真木悠介　31
マッカーサーライン　202
＊丸山康司　30
緑の党　152-159, 161-167, 169
＊ミュラー，ヴェルナー（Müller, Werner） 156, 157
＊ミルン，ジェフリー（Milne, Geoffrey） 53, 58
＊村上泰亮　23
＊村田保　191
明治34年漁業法　195
明治43年漁業法　198
＊メルケル，アンゲラ（Merkel, Angele） 151, 153, 161-163, 169, 170, 181
面源汚染源　127
モデル　19, 21-25, 31, 33, 34, 36, 37

や　行

焼畑移動耕作　57, 58
有機水銀剤　223
養豚構造改革法　132, 140
養豚・養鶏規制暫定措置法　130
余剰糞尿課徴金　131, 139

ら　行

＊ラトゥール，ブルーノ（Latour, Bruno） 30
利益表出　19, 28
立法過程に至る前の歴史（pre-enactment history）　70
立法後の歴史（post enactment history） 71
リバタリアン　165, 166
量的研究　22, 23
リン　128, 136
倫理委員会（安全なエネルギー供給に関する倫理委員会）　169, 170, 171, 181, 182
倫理的側面　37
歴史研究　3, 4, 7, 15, 23
ローマ・クラブ　28, 41

わ 行

＊ワージントン，E・B（Worthington, E. B.）
    47-49, 56, 61, 64

アルファベット

AfD（Alternative für Deutschland）
    →ドイツのための選択肢
ANT（Actor Network Theory）
    →アクターネットワーク理論
BHC（benzene hexachloride）
    →ベンゼンヘキサクロライド
CDU（Christlich-Demokratische Union
    Deutschlands）
    →キリスト教民主同盟
CDU/CSU　　→キリスト教民主社会同盟
CRC（Colonial Research Council）
    →植民地研究委員会
EAAFRO（East African Agricultural and
    Forestry Research Organization）
    →東アフリカ農業林業研究機関
EAARI（East African Agricultural
    Research Institute: EAARI）
    →東アフリカ農業研究所
ENSREG（European Nuclear Safety
    Regulators Group）
    →欧州原子力安全規制者グループ
ESA（Endangered Species Act）
    →絶滅の危機にある種の保護法

EU（European Union）　→欧州連合
EURATOM　→欧州原子力共同体
EU法　　178-181
EU法制　　175
FAO（Food and Agriculture Organization
    of the United Nations）
    →国連食糧農業機関
FDP（Freie Demokratische Partei）
    →自由民主党
HEP（Human Exemptionalism Paradigm）
    →人間特例主義
IAEA（International Atomic Energy
    Agency）　→国際原子力機関
IQ方式　　→個別割当方式
ITQ方式　　→譲渡性個別割当方式
NEP（New Environmental Paradigm）
    →新環境パラダイム
NEPA（National Environmental Policy
    Act）　→国家環境政策法
PCP除草剤　　219
RSK（Reaktorsicherheitskommission）
    →原子炉安全委員会
SPD（Sozialdemokratische Partei
    Deutschlands）　→社会民主党
TAC（Total Allowable Catch）制度
    →漁獲可能量制度
TVA（Tennessee Valley Authority）
    →テネシー渓谷開発公社
UPZ　→緊急時防護措置準備区域

《執筆者紹介》（執筆順，＊は編者）

＊喜多川　進（きたがわ・すすむ）はしがき・第1章・付録
　京都大学大学院経済学研究科経済動態分析専攻博士後期課程退学。
　現　職　山梨大学生命環境学部地域社会システム学科准教授およびオーストラリア国立大学アジア太平洋研究院文化歴史言語学部客員研究員。
　主　著　『環境政策史論――ドイツ容器包装廃棄物政策の展開』勁草書房，2015年。
　　　　　"Vision and Significance in Environmental Policy History", in Ts'ui-jung Liu (ed.) *Environmental History in East Asia: Interdisciplinary Perspectives*, London: Routledge, 64-90, 2014.
　　　　　"Decision Making for Market-based Environmental Cost Allocation: The Case of Packaging Waste Policy in Germany", in Larry Kreiser et al. (eds.) *Environmental Taxation and Green Fiscal Reform: Theory and Impact*, Cheltenham: Edward Elgar, 166-181, 2014.
　　　　　「環境政策史研究の動向と可能性」『環境経済・政策研究』第6巻第1号：75-97, 2013年。

佐藤　圭一（さとう・けいいち）第2章
　一橋大学大学院社会学研究科総合社会科学専攻博士課程単位取得退学。
　現　在　日本学術振興会特別研究員（PD）／東北大学大学院文学研究科社会学研究室所属。
　主　著　『脱原発をめざす市民活動――3・11社会運動の社会学』（町村敬志と共編）新曜社，2016年。
　　　　　「政策決定に関わるのは誰か――政策体系を生み出したメカニズム」長谷川公一・品田知美編『気候変動政策の社会学――日本は変われるのか』昭和堂：22-53, 2016年。
　　　　　「気候変動政策アイデアのナショナルな分岐とグローバルな収斂の並行過程――国内・海外団体の政策ネットワークによる選択的浸透に注目して」『AGLOS: Journal of Area-Based Global Studies』Special Edition 2015: 1-23, 2016年。
　　　　　「日本の気候変動政策ネットワークの基本構造――三極構造としての団体サポート関係と気候変動政策の関連」『環境社会学研究』20: 100-116, 2014年。
　　　　　"Longing for the Right to Decide Nuclear Policy by Ourselves: Social Movements led by the Citizen Group Minna de Kimeyo in Tokyo Call for Referendums on Nuclear Policy", *Disaster, Infrastructure and Society: Learning from the 2011 Earthquake in Japan*, 3: 46-52, 2012. (http://hdl.handle.net/10086/25359)

水野　祥子（みずの・しょうこ）第3章
　大阪大学大学院文学研究科博士後期課程単位取得退学。
　現　在　下関市立大学経済学部教授。
　主　著　『イギリス帝国からみる環境――インド支配と森林保護』岩波書店，2006年。
　　　　　「イギリス帝国における保全思想」池谷和信編『地球環境史からの問い――ヒトと自然の共生とは何か』岩波書店，2009年。
　　　　　「大戦間期におけるグローバルな環境危機論の形成」『史林』第92巻1号，2009年。
　　　　　「大戦間期イギリス帝国における森林管理制度と現地住民の土地利用」『歴史学研究』

第893号，2012年。
「イギリス帝国の環境史――開発・保全・エコロジー」『歴史評論』第799号，2016年。

北見　宏介（きたみ・こうすけ）第4章
　　北海道大学大学院法学研究科博士後期課程単位取得退学。
　現　在　名城大学法学部准教授。
　主　著　「政府の訴訟活動における機関利益と公共の利益(1)〜(5)」『北大法学論集』58(6)〜59(6)：2008〜2009年。
　　　　　「行政不服審査法の改正と建築審査会への検証の視点」『日本不動産学会誌』28(3)：2014年。
　　　　　「アミカスキュリエとしての政府」『名城法学』65（1・2），2015年。

伊藤　康（いとう・やすし）第5章
　　一橋大学大学院経済学研究科博士課程単位取得退学。
　現　在　千葉商科大学人間社会学部教授。
　主　著　『環境政策とイノベーション――高度成長期日本の硫黄酸化物対策の事例研究』中央経済社，2016年。
　　　　　「除染の費用対効果」植田和弘編『大震災に学ぶ社会科学第5巻　被害・費用の包括的把握』東洋経済新報社，2016年。
　　　　　"Signaling effects of carbon tax in Sweden: an empirical analysis using a state space model", in Larry Kreiser et al.（eds.）*Market Based Instruments: National Experiences in Environmental Sustainability*, Cheltenham: Edward Elgar: 63-74, 2013.
　　　　　"The effects of carbon/energy taxes on R&D expenditures in Sweden", in Larry Kreiser et al.（eds.）*Carbon Pricing, Growth and the Environment*, Cheltenham: Edward Elgar: 220-229, 2012.

＊西澤栄一郎（にしざわ・えいいちろう）第6章・あとがき
　　メリーランド大学大学院農業・資源経済学博士課程修了。
　現　在　法政大学経済学部教授。
　主　著　『農業環境政策の経済分析』（法政大学比較経済研究所と共編）日本評論社，2014年。

小野　一（おの・はじめ）第7章
　　一橋大学大学院社会学研究科社会学専攻博士後期課程単位取得満期退学。
　現　在　工学院大学教育推進機構基礎・教養教育部門准教授。
　主　著　『地方自治と脱原発――若狭湾の地域経済をめぐって』社会評論社，2016年。
　　　　　『緑の党――運動・思想・政党の歴史』講談社，2014年。
　　　　　『現代ドイツ政党政治の変容――社会民主党，緑の党，左翼党の挑戦』吉田書店，2012年。
　　　　　『ドイツにおける「赤と緑」の実験』御茶の水書房，2009年。

執筆者紹介

『国民国家の挑戦（政治を問い直す１）』（共著）日本経済評論社，2010年。

辻　信一（つじ・しんいち）第8章
京都大学大学院工学研究科修士課程修了。
現　在　名古屋大学特任教授。
主　著　『〈環境法化〉現象――経済振興との対立を超えて』昭和堂，2016年。
　　　　『化学物質管理法の成立と発展――科学的不確実性に挑んだ日米欧の50年』北海道大学出版会，2016年。
　　　　『汚染とリスクを制御する（シリーズ 環境政策の新地平６）』（共著）岩波書店，2015年。

法政大学大原社会問題研究所叢書
環境政策史
──なぜいま歴史から問うのか──

| 2017年3月30日　初版第1刷発行 | 〈検印省略〉 |

定価はカバーに
表示しています

編 著 者	西　澤　栄 一 郎
	喜 多 川　　　進
発 行 者	杉　田　啓　三
印 刷 者	江　戸　孝　典
発 行 所	株式会社　ミネルヴァ書房

607-8494 京都市山科区日ノ岡堤谷町1
電話代表（075）581-5191
振替口座　01020-0-8076

© 西澤・喜多川ほか，2017　　　　共同印刷工業・新生製本

ISBN978-4-623-07871-4
Printed in Japan

除本理史・大島堅一・上園昌武　著 **環境の政治経済学**	Ａ５判・288頁 本　体 2800円
宮本憲一・森脇君雄・小田康徳　監修／除本理史・林　美帆　編著 **西淀川公害の40年**	Ａ５判・280頁 本　体 3500円
除本理史・渡辺淑彦　編著 **原発災害はなぜ不均等は復興をもたらすのか**	Ａ５判・280頁 本　体 2800円
宮本憲一　監修／遠藤宏一・岡田知弘・除本理史　編著 **環境再生のまちづくり**	Ａ５判・344頁 本　体 3500円
稲村光郎　著 **ごみと日本人**	四六判・338頁 本　体 2200円
関谷直也・瀬川至朗　編著 **メディアは環境問題をどう伝えてきたのか**	Ａ５判・338頁 本　体 4000円
梶原健嗣　著 **戦後河川行政とダム開発**	Ａ５判・404頁 本　体 7500円
市川智史　著 **日本環境教育小史**	Ａ５判・384頁 本　体 6000円
青木聡子　著 **ドイツにおける原子力施設反対運動の展開**	Ａ５判・344頁 本　体 6000円
田口直樹　編著 **アスベスト公害の技術論**	Ａ５判・312頁 本　体 5500円

――――― ミネルヴァ書房 ―――――

http://www.minervashobo.co.jp/